高职高专新课程体系规划教材·计算机系列

C# Windows 项目开发案例教程

彭顺生 方 丽 黄海芳 左国才 余宇华 编 著

清华大学出版社

北 京

内 容 简 介

本书以项目为驱动，采用基于目标模式的任务分解方法将项目分解为多个适合教学的子任务。通过子任务的学习，读者能掌握 C/S 模式的管理信息系统的设计开发流程、事件驱动编程机制、C#Windows 编程技术、数据库访问技术、报表设计以及安装与部署 Windows 程序的全过程。

全书共 10 个项目，分别为随笔记系统分析与设计、创建随笔记项目、用户登录模块实现、用户管理模块实现、收支分类管理功能实现、收支记账管理功能实现、报表功能实现、系统管理模块实现、随笔记系统整合、随笔记系统的打包部署。

本书在结构上以"学习目标→任务描述→技术要点→任务实现→知识拓展→项目拓展→项目小结→习题"为主线，注重用户实际开发能力的培养。全书结构清晰，内容翔实，案例丰富，步骤明确，讲解细致，突出实用性和操作性。

本书既可作为高职高专院校软件技术、计算机应用技术等专业的教材，也可以作为计算机软件行业程序员的自学参考用书。

本书封面贴有清华大学出版社防伪标签，无标签者不得销售。
版权所有，侵权必究。举报：010-62782989，beiqinquan@tup.tsinghua.edu.cn。

图书在版编目（CIP）数据

C# Windows 项目开发案例教程/彭顺生等编著. —北京：清华大学出版社，2014（2023.1重印）
高职高专新课程体系规划教材·计算机系列
ISBN 978-7-302-37895-2

I. ①C⋯ II. ①彭⋯ III. ①C 语言-程序设计-高等职业教育-教材 IV. ①TP312

中国版本图书馆 CIP 数据核字（2014）第 202643 号

责任编辑：朱英彪
封面设计：刘　超
版式设计：文森时代
责任校对：马军令
责任印制：刘海龙

出版发行：清华大学出版社
　　　网　　址：http://www.tup.com.cn, http://www.wqbook.com
　　　地　　址：北京清华大学学研大厦 A 座　　　邮　　编：100084
　　　社 总 机：010-83470000　　　　　　　　　邮　　购：010-62786544
　　　投稿与读者服务：010-62776969，c-service@tup.tsinghua.edu.cn
　　　质量反馈：010-62772015，zhiliang@tup.tsinghua.edu.cn

印 装 者：北京国马印刷厂
经　　销：全国新华书店
开　　本：185mm×260mm　　　印　　张：18.75　　　字　　数：452 千字
版　　次：2014 年 10 月第 1 版　　　　　　　　　印　　次：2023 年 1 月第 9 次印刷
定　　价：49.80 元

产品编号：055638-02

前　　言

Microsoft Visual C#是一种功能强大、使用简单的语言，Microsoft Visual Studio 2010 提供的开发环境使 C#的优良特性更易于体现和应用。使用 C#.NET 既可以进行传统的 C/S 模式的应用开发，也可以进行基于 Web 的 B/S 模式的应用程序开发。虽然 Web 应用程序发展和普及的速度很快，但 C/S 模式的应用程序由于开发速度快、安全性能高等特点，在许多中小型企业的信息管理中仍得到了广泛应用。C/S 模式的应用程序所拥有的模块化、可视化编程和事件驱动编程的特性，也一直为广大程序员所喜爱。

本书在设计上采用"大案例，一案到底"的思路，选用"随笔记系统"为案例贯穿始终。随笔记系统是一个典型的 C/S 模式数据库管理系统，本书以随笔记系统的分析与设计、实现、部署为主线，按照真实软件开发中的模块化开发过程重构课程内容，将全书分为 10 个项目，22 个子任务，具体内容如下：

项目 1　随笔记系统分析与设计
  任务 1.1　初识 Visual C# 2010
  任务 1.2　理解系统需求
项目 2　创建随笔记项目
  任务 2.1　创建第一个 Windows 应用程序
  任务 2.2　创建单文档应用程序
  任务 2.3　创建多文档界面（MDI）应用程序
项目 3　用户登录模块实现
  任务 3.1　系统登录模块界面设计
  任务 3.2　用户登录功能实现
项目 4　用户管理模块实现
  任务 4.1　用户注册功能实现
  任务 4.2　用户头像更换功能实现
项目 5　收支分类管理功能实现
  任务 5.1　收支分类显示功能实现
  任务 5.2　添加收支分类功能实现
项目 6　收支记账管理功能实现
  任务 6.1　收支记账信息浏览功能实现
  任务 6.2　收支记账信息编辑功能实现
  任务 6.3　日常收支记账查询功能的实现
项目 7　报表功能实现
  任务 7.1　日常收支统计功能的实现
  任务 7.2　日常收支明细清单的实现

项目 8 系统管理模块实现
　　任务 8.1 数据备份功能实现
　　任务 8.2 数据恢复功能实现
项目 9 随笔记系统整合
　　任务 9.1 系统主模块的设计与实现
　　任务 9.2 系统子窗体的集成
项目 10 随笔记系统的打包部署
　　任务 10.1 随笔记系统安装程序的制作
　　任务 10.2 随笔记系统的部署

　　本书将 C#.NET 的基本技术、基本控件的使用和 ADO.NET 数据库访问技术合理分配到各子任务中，在真实的场景中介绍 C#.NET 技术。本书在结构上以"学习目标→任务描述→技术要点→任务实现→知识拓展→项目拓展→项目小结→习题"为主线，以任务为驱动，以应用为需求，注重实际开发能力的培养。

　　本书由湖南信息职业技术学院彭顺生、方丽、黄海芳负责整体设计、主体编著与统稿，其中彭顺生编写了项目 5~项目 7，黄海芳、方丽编写了项目 1、项目 4 和项目 10，黄海芳编写了项目 2、项目 3、项目 8 和项目 9。左国才、余宇华、余国清、赵莉参与了本书的部分编写工作，清华大学出版社的编辑贾小红对本书的编写以及书稿的校对、排版等提供了详细指导，在此对他们的工作表示衷心的感谢。

　　由于时间仓促和编者水平有限，书中难免出现错误和疏漏之处，敬请读者批评指正。

编　者

目 录

项目 1 随笔记系统分析与设计 1
   任务 1.1 初识 Visual C# 2010 1
      1.1.1 Microsoft.NET 平台 1
      1.1.2 C#语言特点 3
   任务 1.2 理解系统需求 4
      1.2.1 需求分析 4
      1.2.2 功能模块设计 7
      1.2.3 数据库设计 11
   习题 14

项目 2 创建随笔记项目 15
   任务 2.1 创建第一个 Windows 应用程序 15
      2.1.1 使用 IDE 创建 Windows 应用程序 15
      2.1.2 Windows 的集成开发代码 17
      2.1.3 初识 WinForm 代码 19
   任务 2.2 创建单文档应用程序 23
      2.2.1 Windows 的事件驱动 23
      2.2.2 Form 类 24
   任务 2.3 创建多文档界面（MDI）应用程序 28
      2.3.1 多文档界面（MDI）应用程序 29
      2.3.2 MessageBox 类 34
   习题 38

项目 3 用户登录模块实现 39
   任务 3.1 系统登录模块界面设计 39
      3.1.1 控件 40
      3.1.2 Label 控件 42
      3.1.3 LinkLabel 控件 42
      3.1.4 文本控件 TextBox 43
      3.1.5 Button 控件 44
      3.1.6 PictureBox 控件 46
      3.1.7 RichTextBox 控件 50
      3.1.8 MaskedTextBox 控件 55
   任务 3.2 用户登录功能实现 57

3.2.1 ADO.NET 概述 57
3.2.2 使用 Connection 数据库连接对象 60
3.2.3 使用 Command 数据库命令对象 65
3.2.4 使用 DataReader 数据读取对象 68
3.2.5 程序调试技术 74
习题 75

项目 4 用户管理模块实现 76

任务 4.1 用户注册功能实现 76
  4.1.1 CheckBox 控件 77
  4.1.2 GroupBox 控件 78
  4.1.3 CheckedListBox 控件 80
  4.1.4 ErrorProvider 控件 84
  4.1.5 存储过程调用 87
  4.1.6 SqlParameter 对象 88
任务 4.2 用户头像更换功能实现 98
  4.2.1 ComboBox 组合框控件 99
  4.2.2 TabControl 控件 104
  4.2.3 ToolTip 组件 111
习题 112

项目 5 收支分类管理功能实现 113

任务 5.1 收支分类显示功能实现 113
  5.1.1 ImageList 控件 114
  5.1.2 ListView 控件 117
任务 5.2 添加收支分类功能实现 122
  5.2.1 RadioButton 控件 122
  5.2.2 NotifyIcon 控件 125
  5.2.3 ContextMenuStrip 控件 126
  5.2.4 App.config 文件 128
  5.2.5 数据访问通用类设计 130
  5.2.6 .NET 中的事务处理 137
习题 143

项目 6 收支记账管理功能实现 144

任务 6.1 收支记账信息浏览功能实现 144
  6.1.1 DataSet 对象 145
  6.1.2 DataTable、DataColumn、DataRow 和 DataView 对象 148
  6.1.3 DataAdapter 对象 154
  6.1.4 DataGridView 控件 159
  6.1.5 BindingSource 类 161

6.1.6 BindingNavigator 控件 162
任务 6.2 收支记账信息编辑功能实现 165
6.2.1 CommandBuilder 对象 166
6.2.2 定制 DataGridView 界面 169
6.2.3 日期控件 DateTimePicker 180
任务 6.3 日常收支记账查询功能的实现 189
6.3.1 ListBox 控件 190
6.3.2 数据导出 196
6.3.3 DataGridView 分页技术 206
习题 210

项目 7 报表功能实现 211
任务 7.1 日常收支统计功能的实现 211
7.1.1 报表 212
7.1.2 ReportView 控件 213
7.1.3 使用 RDIC 报表 213
7.1.4 使用自定义数据集定义报表 216
7.1.5 报表数据操作 218
任务 7.2 日常收支明细清单的实现 222
7.2.1 报表数据区域 223
7.2.2 表达式 223
7.2.3 报表布局及样式 223
7.2.4 导出报表 227
7.2.5 完善报表功能 227
7.2.6 完善报表浏览界面 227
习题 228

项目 8 系统管理模块实现 229
任务 8.1 数据备份功能实现 229
8.1.1 SaveFileDialog 控件 230
8.1.2 文件浏览对话框 FolderBrowserDialog 231
8.1.3 数据库备份 231
8.1.4 字体对话框 FontDialog 235
8.1.5 颜色对话框 ColorDialog 236
8.1.6 打印对话框 PrintDialog 236
任务 8.2 数据恢复功能实现 239
8.2.1 OpenFileDialog 控件 240
8.2.2 数据库恢复 241
8.2.3 进度条控件的使用 245
习题 248

项目 9　随笔记系统整合 249
任务 9.1　系统主模块的设计与实现 249
9.1.1　MenuStrip 控件 249
9.1.2　ToolStrip 控件 252
9.1.3　StatusStrip 控件 256
任务 9.2　系统子窗体的集成 260
9.2.1　TreeView 控件 260
9.2.2　在 Panel 控件中添加新的窗体 265
9.2.3　WebBrowser 控件 268
习题 270

项目 10　随笔记系统的打包部署 271
任务 10.1　随笔记系统安装程序的制作 271
10.1.1　创建 Windows 安装项目 272
10.1.2　制作 Windows 安装程序 273
任务 10.2　随笔记系统的部署 281
10.2.1　安装随笔记系统 282
10.2.2　随笔记系统测试 284
10.2.3　打包数据库应用程序 285
习题 288

参考文献 289

项目 1

随笔记系统分析与设计

随着信息技术的日益发展，信息管理系统深入到每个人的日常工作与生活中。传统个人账目管理依靠笔和纸等进行操作，效率较低，尤其在进行统计与分析个人收支信息时特别繁琐并且容易出错。随笔记系统很好地解决了传统个人账目管理的缺点，提高了个人收支记账、统计与分析的效率。

随笔记系统是一个典型的 C/S 模式数据库管理系统，Microsoft.NET 平台能快速高效地开发 C/S、B/S 模式的应用系统，本项目通过介绍 Microsoft.NET 平台和 C#语言特点，让读者掌握其在 Windows 应用开发方面的优势。同时，分析系统的需求能让读者明确系统需要做什么，做成什么样，掌握系统的开发流程以及数据结构设计等，为后期完成案例的开发打下良好的基础。

任务 1.1 初识 Visual C# 2010

学习目标

- 了解Microsoft.NET平台；
- 熟悉C#语言特点。

任务描述

明确 Microsoft .NET 平台的组成部分，Microsoft.NET 平台能够创建哪些类型的应用程序，各应用程序的特点，了解 Visual Studio 2010 的新增功能和增强功能，掌握C#语言的特点。

技术要点

1.1.1 Microsoft.NET 平台

Microsoft.NET 是以公共语言运行时为基础，以 Web 服务为核心技术，为信息、人、系统、智能设备提供无缝链接的一组软件产品、技术或服务，结构如图 1-1 所示。

该平台允许应用程序在因特网上方便、快捷地互相通信，而不必关心使用何种操作系统和编程语言。从技术层面来说，Microsoft.NET 平台主要包括两个内核，即公用语言运行时（Common Language Runtime，简称 CLR）和 Microsoft.NET 框架类库，它们为 Microsoft.NET 平台的实现提供底层技术支持。

公共语言运行库是.NET 提供的一个运行时环境，叫做公用语言运行时，是一种多语言执行环境，支持众多的数据类型和语言特性。它管理着代码的执行，

图 1-1 .NET 平台结构图

并使开发过程变得更加简单。在 CLR 执行编写好的源代码（使用 C#或其他语言编写的代码）之前，需要编译它们。在.NET 中，编译分为两个阶段：

（1）将源代码编译为 Microsoft 中间语言（IL）。

（2）CLR 把 IL 编译为平台专用的代码。

关于类库的概念一直就存在，以前的（Visual C++，简称 VC）有 MFC 类库、Delphi 有类库 VCL、Java 有 Swing、AWT 等类库。这些类库封装了系统底层的功能并提供更好的操作方式。.NET 中的类库封装了对 Windows、网络、文件、多媒体的处理功能，是所有.NET 语言都必须使用的核心类库。在 Visual Studio 中使用.NET 基本类库（FCL）可以开发以下 6 种应用程序。

1. Windows 窗体应用程序

Windows 表单组件开发人员提供了强大的 Windows 应用程序模型和丰富的 Windows 用户接口，包括传统的 ActiveX 控件和 Windows XP 的新界面，如透明的、分层的、浮动的窗口。

2. Windows 控制台应用程序

C#可以用于创建控制台应用程序：仅使用文本、运行在 DOS 窗口中的应用程序。在对类库进行单元测试、创建 UNIX/Linux 守护进程时，就要使用控制台应用程序。

3. XML Web 服务

ASP.NET 应用服务体系架构为用 ASP.NET 建立 XML Web 服务，提供了一个高级的可编程模板。虽然建立 XML Web 服务并不限定使用特定的服务平台，但是它提供的许多特点将简化开发过程。使用这个编程模型，开发人员甚至不需要理解 HTTP、SOAP 或其他任何网络服务规范。ASP.NET 的 XML Web 服务为在 Internet 上绑定应用程序提供了一个利用现存体系架构和应用程序的简单、灵活、基于产业标准的模型。

4. ASP.NET Web 窗体应用程序

ASP.NET 的核心是高性能的用于处理基于低级结构的 HTTP 请求的运行语言。编译运

行的方式大大提高了它的性能。ASP.NET 使用基于构件的 Microsoft .NET 框架配制模板，因此它获得了如 XCOPY 配制、构件并行配制、基于 XML 配制等优点。它支持应用程序的实时更新，提供高速缓冲服务改善性能。

5. Windows 服务

Windows 服务（最初称为 NT 服务）是一个在基于 Windows NT 内核的操作系统上后台运行的程序。当希望程序连续运行，并在用户没有明确启动操作时响应事件，就应使用 Windows 服务。例如，Web 服务器上的 World Wide Web 服务，它们监听来自客户端的 Web 请求。

6. NET 组件

在.NET 框架中，组件是指实现 System.ComponentModel.IComponent 接口的一个类，或从实现 IComponent 的类中直接或间接导出的类。在编程中，"组件"这个术语通常用于可重复使用并且可以和其他对象进行交互的对象。.NET 框架组件能满足这些要求，另外还提供如控制外部资源和设计时支持等功能。

1.1.2 C#语言特点

C#是微软公司在 2000 年 7 月发布的一种全新且简单、安全、面向对象的程序设计语言，是专门为.NET 的应用而开发的语言。它吸收了 C++、Visual Basic、Delphi、Java 等语言的优点，体现了当今最新的程序设计技术的功能和精华。C#继承了 C 语言的语法风格，同时又继承了 C++的面向对象特性。不同的是，C#的对象模型已经面向 Internet 进行了重新设计，使用的是.NET 框架的类库；C#不再提供对指针类型的支持，使得程序不能随便访问内存地址空间，从而更加健壮；C#不再支持多重继承，避免了以往类层次结构中由于多重继承带来的可怕后果。.NET 框架为 C#提供了一个强大的、易用的、逻辑结构一致的程序设计环境。同时，公共语言运行时为 C#程序语言提供了一个托管的运行时环境，使程序比以往更加稳定、安全。其特点如下：

- 语言简洁。
- 保留了 C++的强大功能。
- 快速应用开发功能。
- 语言的自由性。
- 强大的 Web 服务器控件。
- 支持跨平台。
- 与 XML 相融合。

使用 Visual C#开发客户端应用程序与其他开发工具相比，其开发效率高、运行速度快，更适合开发 Windows 图形界面的应用程序。基于 C#语言以上优势，本书将以"随笔记"系统展开 C#的 Windows 应用的介绍。

任务 1.2　理解系统需求

学习目标

- ❑ 理解项目的功能需求；
- ❑ 理解各功能模块的详细需求；
- ❑ 明确项目数据对象、数据结构。

任务描述

用户登录系统之后可以记账，不管是支出、收入还是统计，随笔记都可以满足用户的各种需要。系统界面简洁易用，用户可以轻松管理自己的个人/家庭账务。系统采用敏感资料加密方式和各种备份措施来保障用户的记账安全，数据导出功能使用户完全掌控自己的财务数据。不同项目记不同账，如工资收入、服饰、旅游、装修分别在不同项目中进行核算。随笔记提供了多种统计报表和统计图，让用户更直观地了解自己的财务状况；提供了日常收支表、年度收支统计表、日常收支明细等 5 种数据报表，可全面反映用户的财务状况。

技术要点

1.2.1　需求分析

1. 需求概述

在当今这样一个经济形势的时代，记账已经成为多数人生活的一部分。记账，可以让学生更好地管理自己的生活费和零花钱；可以帮助白领很好地控制开销，轻松摆脱"月光"的困境。记账也可以让更多的家庭减轻生活压力，轻松理财，更好地管理各项收入，合理分配各项支出，如购房/车、置办家具、抚育子女、赡养老人等。记账还可以让淘宝店主或实物店主了解各项资金的流动，很清楚地记录每天的收入、支出，让店主对账目了然于心。

（1）功能需求

系统的功能需求情况如表 1-1 所示。

表 1-1　随笔记功能需求

功　　能	说　　明
用户注册	每个家庭成员可以注册成为用户，用户也可选择一个自己喜欢的头像
用户登录	提供已注册用户的用户名和密码，可以登入系统
修改密码	修改个人密码
收支类别管理	实现对收支类别进行添加、修改、删除、查询和清空
日常收支记账	实现对日常收支项目的添加、修改、删除和查询的功能
日常收支统计	使用报表呈现指定时间的收入和支出项目的笔数、金额以及所占比例
年度收支统计	实现输出报表，显示指定年份的每个月的收支项目名称、金额，并进行统计和小计

功　　能	说　　明
日常收支明细清单	输出报表，显示指定时间所有收支项目的名称、日期、说明和金额
账本备份	用于备份系统中的现有数据
账本恢复	当系统数据库出问题时，通过数据恢复功能将备份数据进行恢复
查看帮助	显示系统版本和版权

（2）系统性能需求

随笔记可以实现用户注册、用户登录、修改密码、收支类别管理、日常收支记账、日常收支统计、收支年度统计、日常收支明细清单、账本备份、账本恢复、查看帮助等操作，其实现简单，管理合理，操作方便，在性能方面主要要求具有易操作、易维护、高稳定等特性。

- 系统具有易操作性。主要体现在界面友好，提示信息比较多，功能比较完善。
- 系统具有易维护性。主要体现在系统源代码的独立性。
- 系统运行速度快且稳定。主要体现在系统能够快速响应用户操作，系统运行稳定。

2. 系统用例模型

UML 中的用例图可以描述将要开发的系统要实现的功能，在需求分析时，可以借助用例图和用例描述详细描述系统的需求。

（1）系统用例图

通过需求分析可以把系统所涉及的操作归纳为：登录用户能实现密码重置，个人财务管理，系统管理，查看报表。根据这些分析结构，绘制得到系统用例图如图 1-2 所示。

（2）部分用例描述

下面对"修改密码"用例进行说明。

"修改密码"用例描述：

用例名称：修改用户密码。

功能：用户修改自己的密码，以确保系统的安全性。

简要说明：本用例的功能主要是允许用户修改自己的密码。

事件流：由基本流和备选流两部分组成。

基本流：

① 用户请求修改自己的密码。

② 系统显示密码修改界面。

③ 用户输入旧密码、新密码。

④ 系统对旧密码进行验证，根据比较结果执行下面的相应操作。

- 旧密码正确，继续执行下一步骤。
- 旧密码不正确，返回基本流③。

⑤ 用户输入新密码、确认密码。

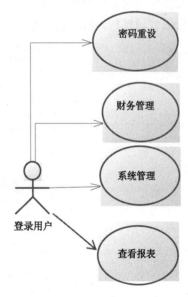

图 1-2 随笔记项目用例图

⑥ 系统比较新密码和确认密码,根据比较结果执行下面的相应操作。
  □ 新密码和确认密码相符,继续执行下一步骤。
  □ 新密码和确认密码不相符,返回基本流⑤。
⑦ 系统修改用户密码,并提醒用户密码修改已成功。
⑧ 用户要求结束用户密码修改任务。
⑨ 系统结束用户密码修改界面的显示。

备选流:
① 如果在用户请求保存操作结果的时候,由于网络、数据库管理系统等外部原因造成操作结果不能保存,系统保证以恰当的方式通知用户,并维护用户的操作状态,在外部原因消除之后,用户仍能继续操作。
② 用户在基本流⑦之前的任意一个步骤可以放弃对密码的修改。

特殊需求:
① 超级管理员的密码允许被自己修改。
② 用户新密码必须指定不能为空,输入字符在 6~30 个字符之间。

前置条件:进入本系统的主界面。
后置条件:系统成功保存用户的新密码,新密码下次登录生效。
附加信息:无。

(3) 系统流程图

流程图是流经一个系统的信息流、观点流或部件流的图形代表。在企业中,流程图主要用来说明某一过程。这种过程既可以是生产线上的工艺流程,也可以是完成一项任务必需的管理过程。随笔记的系统流程图如图 1-3 所示。

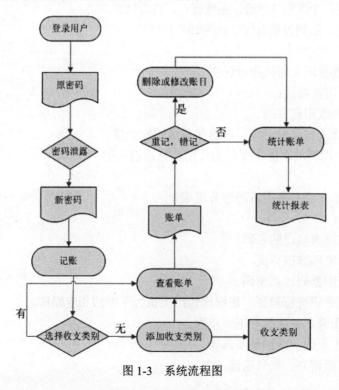

图 1-3 系统流程图

3. 系统开发环境

（1）软件平台

操作系统：Windows Server 2003/2008、Windows XP、Windows Vista、Windows 7/ 8。
数据库：Microsoft SQL Server 2008。
开发技术：.NET Framework 4.0。
辅助开发工具：Photoshop、 PowerDesigner、 Visio。

（2）硬件平台

CPU：建议 P4 3.0GHz 以上。
磁盘空间剩余容量：建议 20GB 以上。
内存：建议 2GB 以上。
其他：鼠标、键盘。

1.2.2 功能模块设计

随笔记主要提供用户管理、财务管理、财务统计及系统管理等功能。系统功能模块如图 1-4 所示。

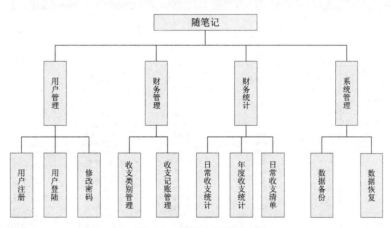

图 1-4 系统功能模块图

1. 用户管理模块

（1）用户登录

已经注册的用户可以通过登录界面进入系统，如图 1-5 所示。

（2）注册用户

用户可以通过"注册用户"功能添加其他家庭成员用户，同时还可以实现更换头像的功能，如图 1-6 所示。

（3）修改密码

用户可以通过"文件"、"修改密码"功能，实现修改密码，如图 1-7 所示。

图 1-5 "用户登录"界面

图1-6 "注册用户"界面　　　　　图1-7 "修改密码"界面

2. 财务管理模块

(1) 收支类目管理

用户通过"收支类目管理"功能，可以添加、修改、删除、查询和清空收支类别，如图1-8所示。

图1-8 "收支类目管理"界面

(2) 日常收支记账管理

用户可以通过"日常收支管理"功能，添加、修改、删除、查询日常收支记账信息，如图1-9所示。

3. 财务统计模块

(1) 日常收支统计

通过"报表"中的"日常收支统计"可以得到指定时间范围内的收入和支出项目的名称、笔数、金额及所占比例，如图1-10所示。

图 1-9 "日常收支管理"界面

图 1-10 "日常收支统计"界面

（2）年度收支统计

用户通过"年度收支统计"功能可以实现统计指定年份每个月的收支项目、涉及金额、按收支进行汇总、按项目进行小计、同时计算收支差额，如图 1-11 所示。

（3）日常收支明细清单

用户通过"日常收支明细清单"功能，实现将指定时间范围内的每项收支的详细信息，如项目名称、日期、说明以及该项是属于收入还是支出，涉及金额多少并计算余额，如图 1-12 所示。

图 1-11 "年度收支统计"界面

图 1-12 "日常收支明细清单"界面

4. 系统管理模块

（1）数据备份
用户可以通过"数据备份"功能，实现对账目数据进行备份，如图 1-13 所示。
（2）数据恢复
用户可以通过"数据恢复"功能，实现从原有的账目备份文件中恢复账目数据，如图 1-14 所示。

项目 1 随笔记系统分析与设计

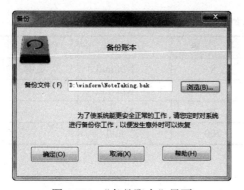

图 1-13 "备份账本"界面

图 1-14 "恢复账本"界面

1.2.3 数据库设计

1. 数据库设计概述

根据系统功能描述和实际业务分析进行了随笔记的数据库设计,其数据库的物理模型如图 1-15 所示。

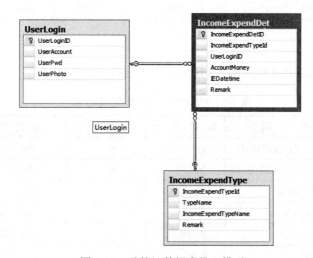

图 1-15 随笔记数据库物理模型

数据库物理模型各表的名称如表 1-2 所示。

表 1-2 数据列表

名　　称	代　　码
用户表	UserLogin
收支类型表	IncomeExpendType
收支明细表	IncomeExpendDet

2. 数据表结构设计

(1) 用户表

UserLogin 表结构如表 1-3 所示。

表 1-3　UserLogin 表结构

名　称	代　码	数据类型	长　度	为空性	约　束
用户 ID	UserLoginID	int	8	Not null	主键
用户名	UserAccount	varchar	20	Not null	
密码	UserPwd	varchar	20	Not null	
头像	UserPhoto	varchar	200	null	

（2）收支类型表

IncomeExpendType 表结构如表 1-4 所示。

表 1-4　IncomeExpendType 表结构

名　称	代　码	数据类型	长　度	为空性	约　束
收支类别 ID	IncomeExpendTypeId	int	8	Not null	主键
收支类型名	TypeName	varchar	50	Not null	
收支项目名称	IncomeExpendTypeName	varchar	20	Not null	
备注	Remark	text	100	null	

（3）收支明细表

IncomeExpendDet 表结构如表 1-5 所示。

表 1-5　IncomeExpendDet 表结构

名　称	代　码	数据类型	长　度	为空性	约　束
收支明细 ID	IncomeExpendDetID	int	8	Not null	主键
收支类别 D	IncomeExpendTypeId	int	8	null	外键
用户 ID	UserLoginID	int		null	外键
金额	AccountMoney	money		Not null	
日期	IEDatetime	datetime	10	Not null	
备注	Remark	text		null	

项目拓展

1. 任务

用户作为承接随笔记项目的软件公司的程序员，负责开发该系统，请完成：系统需求分报告。

2. 描述

需求分析的任务是通过详细调查现实世界要处理的对象，明确用户的各种需求然后在此基础上确定系统的功能。

3. 要求

完成系统需求分析报告。

4. 建议格式

（1）引言

引言是对这份软件产品需求分析报告的概览，是为了帮助读者了解这份文档是如何编写的，并且应该如何阅读、理解和解释这份文档。

（2）综合描述

这一部分概述了正在定义的软件产品的作用范围以及该软件产品所运行的环境、使用该软件产品的用户、对该软件产品已知的限制、有关该软件产品的假设和依赖。

（3）外部接口需求

通过本节描述可以确定保证软件产品能和外部组件正确连接的需求。关联图仅能表示高层抽象的外部接口，必须对接口数据和外部组件进行详细描述，并且写入数据定义中。如果产品的不同部分有不同的外部接口，那么应该把这些外部接口的全部详细需求并入到该部分实例中。

（4）系统功能需求

需要进行详细的需求记录，详细列出与该系统功能相关的详细功能需求，并且唯一地标识每一项需求。这是必须提交给用户的软件功能，使用户可以用所提供的功能执行服务或者使用所指定的使用实例执行任务。描述软件产品如何响应已知的出错条件、非法输入、非法动作。

（5）其他非功能需求

其他非功能需求主要包括可靠性、安全性、可维护性、可扩展性、可测试性等。

（6）词汇表

词汇表列出本文件中用到的专业术语的定义，以及有关缩写的定义（如有可能，列出相关的外文原词）。为了便于非软件专业或者非计算机专业人士阅读软件产品需求分析报告，要求使用非软件专业或者非计算机专业的术语描述软件需求。所以这里所指的专业术语是指业务层面上的专业术语。

（7）数据定义

数据定义是一个定义了应用程序中使用的所有数据元素和结构的共享文档，其中对每个数据元素和结构都准确描述：含义、类型、数据大小、格式、计量单位、精度以及取值范围。数据定义的维护独立于软件需求规格说明，并且在软件产品开发和维护的任何阶段，均向风险承担者开放。

（8）待定问题列表

编辑一张在软件产品需求分析报告中待确定问题时的列表，把每一个表项都编上号，以便跟踪调查。而不是软件专业或者计算机专业的术语。但是对于无法回避的软件专业或者计算机专业术语，也应该列入词汇表并且加以准确定义。

项目小结

Microsoft .NET 平台主要包括两个内核，即公用语言运行时 CLR 和 Microsoft.NET 框架类库。

随笔记项目的功能需求包括用户注册、用户登录、修改密码、收支类别管理、日常收支记账、日常收支统计、收支年度统计、日常收支明细清单、账本备份、账本恢复、查看帮助等。项目数据库中包含表用户表、收支类型表、收支明细表。

习题

1. Microsoft.NET 平台主要包括哪些内容？其作用是什么？
2. Visual Studio 2010 中能创建哪些应用程序？请试着创建控制台应用程序、Windows 应用程序和 Web 应用程序。
3. 请整理出一份随笔记的需求分析报告。

项目 2

创建随笔记项目

互联网技术的普及使得 Web 应用程序发展速度很快，但是 C/S 模式的 Windows 应用程序由于易学、开发速度快、安全性能高等特点在许多中小型信息管理系统中仍得到广泛应用。另外 C/S 模式的应用程序所拥有的模块化、可视化编程和事件驱动编程的特性，也一直被广大程序员所喜爱。

本项目通过在 Visual .NET 2010 环境中创建随笔记项目，让读者理解 Windows 窗体的相关知识，掌握创建 Windows 应用程序的方法。

任务 2.1 创建第一个 Windows 应用程序

学习目标

- 使用IDE创建Windows应用程序；
- 掌握窗体常用属性和方法；
- 创建多文档界面（MDI，Multiple Document Interface）应用程序。

任务描述

Windows 窗体应用程序也就是 WinForms 应用程序。事实上，我们每天都会接触到不同的 Windows 窗体，Windows 应用程序一般由一个或多个窗体组成，这些窗体可包含文本框、按钮、列表框等控件，可以实现用户与应用程序交互。

本任务在熟悉 Visual Studio.NET 2010 的集成开发环境下，使用 IDE 创建 Windows 应用程序，理解 Windows 窗体，认识 WinForm 代码。

技术要点

2.1.1 使用 IDE 创建 Windows 应用程序

Windows 应用程序即窗体应用程序，是指基于 Windows Forms 的项目。一般而言，Visual

C#开发应用程序步骤包括建立项目、程序界面设计、设置界面对象的属性、编写程序代码和测试与运行程序几个阶段。

集成开发环境（IDE）是一个将程序编辑器、编译器、调试工具和其他建立应用程序的工具集成在一起的用户开发应用程序的软件系统。

要新建一个Visual C#.NET项目，具体操作如下：

（1）在Visual Studio.NET集成开发环境中，执行"文件"→"新建"→"项目"菜单命令，打开"新建项目"对话框，在其中可通过选择不同的编程语言来创建各种项目，这些语言将共享Visual Studio.NET的集成开发环境。

（2）在"已安装的模板"窗口中选择"Visual C#"选项，再选择"Windows窗体应用程序"，在"位置"下拉列表框中选择项目的保存位置（路径），在"名称"文本框中输入项目的名称，如图2-1所示。单击"确定"按钮进入Visual Studio.NET集成开发环境，如图2-2所示。

图2-1 "新建项目"对话框

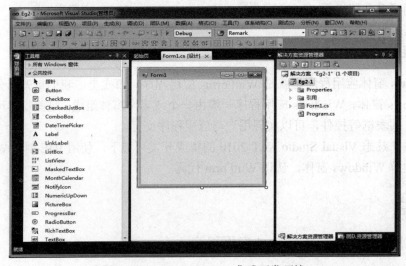

图2-2 Visual Studio.NET集成开发环境

2.1.2 Windows 的集成开发代码

Visual Studio.NET 使用项目和解决方案来管理应用程序的开发，从概念上来讲，项目就是一个生成.NET 应用程序的文件集合。

（1）窗体设计器

窗体是用户界面各元素中的最大容器，可用于容纳其他控件（如标签、文本框、按钮等）。Windows 窗体设计器用于设计 Windows 应用程序的用户界面，是一个放置其他控件的容器，一般称为"窗体（Form）"，如图 2-3 所示。

一个 Windows 应用程序可以拥有多个窗体，但它们的名字必需不同。默认状态下窗体的名称分别为 Form1、Form2、…，用户可以修改相应窗体的 Name 属性，以便识别各个窗体的功能和作用。一个项目新建时初始默认有一个名叫"Form1"的窗体。

图 2-3　窗体设计器

 提示

如果设计器窗口的选项卡中的文件名后面有一个"*"（如 Form1.cs*），表示该对象或代码经过了修改，但没有被保存，保存成功后"*"会消失。

（2）属性窗口

使用属性窗口可以查看和更改位于编辑器和设计器中选定对象的设计时属性及事件，"属性"窗口可通过"视图"菜单打开。

"属性"窗口如图 2-4 所示，其中显示编辑字段的不同类型具体取决于特定属性的需要。这些编辑字段包括编辑框、下拉列表以及到自定义编辑器对话框的链接，属性以灰色显示且是只读的。

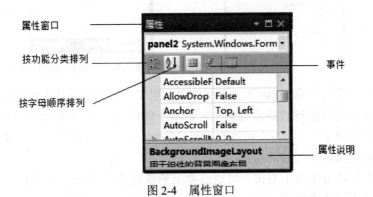

图 2-4　属性窗口

提示

"属性"窗口工具栏控件只有当 Visual C# 项目上下文中的窗体或控件设计器处于活动状态时才可用。

当选择一个属性时,属性的描述便出现在属性窗口底部的说明窗格中。

修改对象的属性也可以使用代码来完成。

(3) 工具箱

Visual C# 2010 给用户提供了很多控件,常用的控件被放置在"工具箱"中,不常用的可以通过快捷菜单中的"选择项"命令来添加,这些控件用于设计用户界面。默认情况下,工具箱有"所有 Windows 窗体"、"公共控件"、"容器"、"菜单和工具栏"、"数据"等选项卡,如图 2-5 所示,每个选项卡中包含了相应的控件。用户可以通过快捷菜单中的"添加选项卡"命令来添加选项卡,通过"删除选项卡"命令来删除选项卡,并且可以自定义工具箱的布局,如"显示"和"隐藏"工具栏、移动工具栏的位置、浮动或停靠工具箱窗口的位置等。

(4) 解决方案资源管理器

使用"解决方案资源管理器"管理解决方案或项目项以及浏览代码,如图 2-6 所示。要显示"解决方案资源管理器",可选择"查看解决方案资源管理器",按 Ctrl + Alt,或在"快速启动"窗口中输入解决方案资源管理器。

图 2-5 工具箱

图 2-6 解决方案资源管理器

解决方案文件项目保存在.sln 和.suo 文件中,用于存储定义解决方案的元数据。Visual Studio 2010 的解决方案资源管理器提供了管理多个项目的能力。在解决方案资源管理器中,当前激活的项目将显示为粗体字,可以右击相应的项目名称,在弹出的快捷菜单中选择"设为启动项目"命令来激活当前的项目。

开发人员在解决方案项上右击,可通过弹出的快捷菜单来执行下列操作:

- 向解决方案中添加项目。
- 添加项到项目。
- 复制或移动项和项目。

- 重命名解决方案、项目和项。
- 删除、移除或卸载项目。

（5）代码窗口

在 Visual Studio 2010 中可以编辑多种不同类型的文件，如资源文件、Windows 窗体文件等，每种类型的文件都具有一个默认的编辑器。当用户在解决方案资源管理器中双击相应的文件时，将使用默认的编辑器打开文件。

也可以在解决方案资源管理器中选中相应的文件，右击，在弹出的快捷菜单中选择"打开方式"命令，将弹出如图 2-7 所示的打开方式窗口，可以在列表中选择其他的编辑器或添加新的编辑器。

2.1.3 初识 WinForm 代码

在开发第一个 Windows 应用程序前应该先了解 Windows 应用程序最基本的代码结构，这个结构基本上是固定的。

（1）Form1.cs 文件的代码

通过代码窗口可以查看到应用程序包含的代码，默认情况下一般是隐藏的，显示代码窗口的方法主要有：

- 在窗体控制区域右击，在弹出的快捷菜单中选择"查看代码"命令，如图2-7所示。
- 选择"视图"→"代码"命令。
- 在解决方案资源管理器的工具栏中右击，在弹出的快捷菜单中选择"查看代码"命令。

图 2-7　查看代码

Form1.cs 文件的代码如下：

```
using System;                              //基础核心命名空间
using System.Collections.Generic;          //包含用于处理集合的泛型类型
using System.ComponentModel;
//包含用于属性和类型转换器的完成、数据源绑定和组件授权的基类和接口
using System.Data;                         //数据库访问控制
using System.Drawing;                      //绘图类
using System.Linq;
//提供支持使用语言集成查询 (LINQ) 进行查询的类和接口
using System.Text;                         //文本类
using System.Windows.Forms;                //窗体和控件
namespace Eg2_1                            //当前操作的命名空间是 Eg2_1
{
    public partial class Form1 : Form
        //从 System.Windows.Forms.Form 中派生
    {
        public Form1()
        {
            InitializeComponent();         //由系统生成的对于窗体界面的定义方法
        }
    }
}
```

提示

　　using 语句通常出现在一个.cs 文件中的头部，用于定义引用系统命名空间，具体的操作方法和属性等被定义在该系统的命名控件中，比如，如果不写 using System.Drawing，则无法在后期开发中进行图形图像方面的设计开发。

　　用户可以定义用户自定义类在一个用户自定义的命名空间下，这样在头部通过 using 语句声明该用户自定义的命名空间，从而获取该命名空间下的具体类以及该类的属性和方法，达到对系统软件分层开发的目的。

（2）Form1.Designer.cs 文件的代码

在每一个 Form 文件建立后，都会同时产生程序代码文件.CS 文件，以及与之相匹配的.Designer.CS 文件，业务逻辑以及事件方法等被编写在.CS 文件中，而界面设计规则被封装在.Designer.CS 文件里。下面代码为系统自动生成的.Designer.CS 文件的脚本代码。

```csharp
namespace Eg2_1
{
    partial class Form1
    {
        /// <summary>
        ///必需的设计器变量
        /// </summary>
        private System.ComponentModel.IContainer components = null;
        /// <summary>
        ///清理所有正在使用的资源
        /// </summary>
        /// <param name="disposing"> 如果应释放托管资源，为 true；否则为 false</param>
        protected override void Dispose(bool disposing)
        {
            //终止代码
            if (disposing && (components != null))
            {
                components.Dispose();
            }
            base.Dispose(disposing);
        }
        #region Windows 窗体设计器生成的代码
        /// <summary>
        /// 设计器支持所需的方法
        /// 使用代码编辑器修改此方法的内容
        /// </summary>
        private void InitializeComponent()
        {
            this.components = new System.ComponentModel.Container();
            this.AutoScaleMode = System.Windows.Forms.AutoScaleMode.Font;
            this.Text = "Form1";
        }
```

```
                #endregion
        }
    }
```

在代码中，InitializeComponent()方法用于初始化窗体控件或组件，反映了窗体设计器中窗体和控件的属性，由程序自动生成，一般情况下不要对其修改。如果更改方法中的相关属性参数，在窗体设计器界面上会显示出来。该函数在 Form1.Designer.cs 里的是定义（函数名后面有大括号包含定义内容），而 Form1.cs 里的是调用（函数名后面分号结尾）。
Dispose()方法为表单释放系统资源时执行编码。

提示

> partial 表示以下创建的是分布类代码，也就是说一个类的定义代码可以写在两个不同的页面 Form1.cs 和 Form1.Designer.cs。
> Dispose()方法为表单释放系统资源时执行编码。

（3）Program.cs 文件的代码

在 WinForm 应用程序的开发设计中，一般会通过多窗体协调一致的处理具体业务流程。这种应用必须由程序员决定哪个 WinForm 的窗体第一个被触发执行，在 Windows Forms 开发程序设计中由位于根目录下的 Program.cs 文件决定。展开 Program.cs 文件，按照下面代码即可决定哪个 WinForm 的窗体第一个被触发执行。

```
using System;
using System.Collections.Generic;
using System.Linq;
using System.Windows.Forms;
namespace Eg2_1
{
    static class Program
    {
        /// <summary>
        /// 应用程序的主入口点
        /// </summary>
        [STAThread]
        static void Main()
        {
            Application.EnableVisualStyles();
            Application.SetCompatibleTextRenderingDefault(false);
            Application.Run(new Form1());
            //设置启动窗体，可以通过修改此项，改变运行的开始窗体
        }
    }
}
```

Windows 应用程序的运行是由 Program.cs 文件中的 Main()方法来控制。每个 WinForm 项目的启动入口点都从 Main()方法开始。如果有启动前提条件或修改开始窗体等，都可以

在 Main()方法中对应修改。

代码中的 Application 类是一个对象,它将代表程序来管理和运行窗体、线程,它对 Windows 消息所需要的静态成员进行了封装,不能被继承。

代码区分大小写;

程序每一句指令都以";"号结束;

大括号都是成对出现的,缺一不可。

任务实现

步骤1 新建一个 Windows 应用程序,命名为"Eg2_1"。

步骤2 界面的设计。

打开 Form1.cs[设计]文件,从工具箱中选择 A Label 标签,然后移动鼠标,在窗体的适当位置按下鼠标左键后拖动到适当位置,释放鼠标。利用相同方法再放置一个按钮 ab Button。

添加控件时,可以在展开工具箱的"所有 Windows 窗体"选项卡中,找到相应的控件并双击,也可以先在工具箱中选择相应的控件,然后再在窗体中合适的位置拖动鼠标(即绘制控件)来实现。

步骤3 属性设置。

在属性窗口中,将按钮的 Text 属性清空,再输入"点击我",设置完后效果如图 2-8 所示。

步骤4 编写程序。

设置好窗体以及各控件的属性后,接下来编写程序代码。双击按钮,在按钮的单击事件 button1_Click 中添加如下代码:

```
private void button1_Click(object sender, EventArgs e)
{
    label1.Text = "欢迎进入 C# Windows 编程世界!   ";
}
```

步骤5 调试与运行。

在主菜单中选择"调试"→"启动调试"命令运行应用程序,或单击工具栏中的 ▶ 按钮,或直接按 F5 键,程序运行后单击"点击我"按钮,结果如图 2-9 所示。

图 2-8　窗体界面设计

图 2-9　运行后效果

任务 2.2　创建单文档应用程序

学习目标

- 掌握窗体 Form 类常用的属性和方法；
- 创建单文档界面（SDI，Single-Document Interface）应用程序。

任务描述

窗体是指组成 Windows 应用程序的用户界面的窗口或对话框，是构建 Microsoft Windows 应用程序的基本模块。单文档界面（SDI，Single-Document Interface）应用程序在某一时刻仅能支持一个文档，即在某一时刻只有一个文档是可见的，在打开另一个文档之前必须先关闭当前文档。如 Microsoft Windows 中的"写字板"（Notepad）应用程序。SDI 样式是 Windows 应用程序较常用的布局选项。

本任务通过创建单文档界面应用程序，学习 Form 类的属性和方法。

技术要点

2.2.1　Windows 的事件驱动

在面向过程的程序中，整个程序按照一定顺序进行，它是一系列预先定义好的操作序列的组合，且该过程完全占用着 CPU，控制整个程序执行的过程。即使是使用了函数，所有函数的调用以及执行仍然按照用户预定好的顺序不间断的、有序的执行。

Windows 是一种多任务的操作系统，可以同时运行多个程序，每一个程序都不能独占系统资源，而是共享各种系统资源，比如键盘、鼠标等，各个运行程序都要随时从外设接受命令，执行命令。事件驱动程序恰好适合于 Windows 的多任务特点。

事件驱动编程方式完全不同于面向过程的程序设计方式，它是由事件的产生来驱动的。

事件的产生是随机的、不确定的，没有预定顺序的。因此，各种事件可以以各种不同的、合理的顺序出现，那么，依赖于事件驱动的程序也可以按各种不同的、合理的流程来执行。也正是这一点，使得多个程序共享系统资源成为可能。

事件驱动的程序设计是一种面向用户的程序设计方式。相对于面向过程的程序设计方式来说，事件驱动的程序设计方式是一种被动的程序设计方式。

面向过程的程序需要主动地去查询用户操作，并根据用户操作调用相应的处理函数。而事件驱动的程序设计方式是一种被动的程序设计方式。程序总是处于等待用户输入事件状态，然后被动地等待用户操作；用户的各种操作被称之为事件，事件驱动的程序设计方式需要事先为各种需要处理的事件编写事件响应函数；当某个用户操作产生，即某个事件发生时，相应的响应函数就会被调用。程序取得事件并做出反应，处理完毕并返回后，又处于等待事件状态。

在 Windows 操作系统中，应用程序主要以窗口的形式存在。窗口是一个可视的人机交互界面，用来接收各种事件，如用户键盘/鼠标事件、外设的请求事件、定时器的请求事件、信号量的请求事件等。因此，它也就成为应用程序控制消息的发送端和接收端。即 Windows 应用程序是围绕窗口进行的，窗口不仅提供了可视化的应用程序的界面，也是 Windows 消息的产生和响应的地方。

消息的产生是由于相应的事件被触发，消息的发送以队列形式进行，消息响应遵循一定的顺序。类库为这种消息响应机制提供了完整的处理功能。类库中的很多类都具有处理相应消息的功能。在面向过程的程序设计方式中，对外设，比如鼠标、键盘等的控制是通过轮询方式进行，即通过分别定时查询这些设备的输入请求来完成的。而在 Windows 环境中，这些控制是通过消息机制完成的。因此，Windows 也被称为"基于事件驱动的、消息机制的"操作系统。消息机制是 Windows 能进行多任务并发处理的基础，它保证了 Windows 下同时运行的程序能够协同作业。

在 Windows 中，应用程序都包含一个消息循环。该消息循环持续反复检测消息队列，查看是否有用户事件消息，这些用户事件消息包括鼠标移动、单击、双击、键盘操作和计时器到达等。

2.2.2 Form 类

C#中的 Windows 应用程序的界面是以表单（Form）为基础的。表单好似一个容器，其他的界面元素都放置在表单中，C#中定义了类 Form 来封装表单。一般来说，用户设计的表单都是类 Form 的派生类，用户表单中添加的其他界面元素的操作实际上就是向该派生类中添加私有成员。

Form 类位于命名空间 System.Windows.Forms 下。

1. 窗体的常用属性

Form 是 Windows 应用程序中所显示的任何窗口的表示形式，一般情况下把它称为窗体。使用 Form 类中的可用属性，可以确定所创建窗体的外观、大小、颜色和窗口管理功能。窗体常用的属性如表 2-1 所示。

表 2-1　窗体的常用属性

属性名称	说明	默认设置
Name	设置窗体的名称（这不是用户在窗体标题栏上看到的名称，而是在编写程序代码的时候用来引用该窗体的名字）	Form1（Form2,Form3 等）
AcceptButton	获取或设置当用户按 Enter 键时所单击的窗体上的按钮	无
AllowDrop	获取或设置一个值，该值指示控件是否可以接受用户拖放到它上面的数据	False
CancelButton	获取或设置当用户按 Esc 键时单击的按钮控件	无
ContextMenu	获取或设置与控件关联的快捷菜单	无
ControlBox	获取或设置一个值，该值指示在该窗体的标题栏中是否显示控件框	True
MaximizeBox	获取或设置一个值，该值指示是否在窗体的标题栏中显示最大化按钮	True
MinimizeBox	获取或设置一个值，该值指示是否在窗体的标题栏中显示最小化按钮	True
ShowInTaskBar	获取或设置一个值，该值指示是否在 Windows 任务栏中显示窗体	True
Text	获取或设置与此控件关联的文本	Form1（Form2,Form3 等）
FormBorderStyle	控制窗体边框的外观，还将影响标题栏的显示方式以及允许在标题栏上显示的按钮	Sizable
WindowState	获取或设置窗体的窗口状态	Normal

2. 窗体常用的方法

通过窗体的方法可以实现某个特定的功能。在应用程序开发中，程序员可以为窗体编写方法以供程序调用。窗体的常用方法如表 2-2 所示。

表 2-2　窗体常用的方法

方法名称	说明
Activate	激活窗体并给予它焦点
Close	关闭窗体
Hide	对用户隐藏控件
Focus	为控件设置输入焦点
Show	显示窗体
ShowDialog	将窗体显示为模式对话框

3. 窗体的常用事件

Form 类的事件允许应用程序响应外部用户对窗体执行的操作，窗体的常用事件如表 2-3 所示。

表 2-3 窗体常用的事件

事 件 名 称	说　　　明
Click	在单击窗体时发生
FormClosed	关闭窗体后发生
FormClosing	在关闭窗体时发生
Enter	进入窗体时发生
KeyDown	在键盘键按下时发生
Leave	在输入焦点离开窗体时发生
Load	在第一次显示窗体前发生
Move	在移动窗体时发生
Resize	在调整控件大小时发生

对 Form 对象来说，窗体本身的行为取决于该对象是否被显示成一个模态或非模态的窗口而发生变化。所有的对话框是模态或是非模态的，模态对话框要求用户在相关的程序继续运行前作出响应，即必须关闭该窗体后其他的窗体才能获得焦点，非模态对话框在对话框显示的同时允许应用程序继续进行。Show()方法包含了一个隐含的 Load()方法，如指定的窗体在调用 Show 方法时还没有被加载，应用程序会自动把这个窗体加载到内存中然后显示给用户。

提示

> 对非模态的窗口来说，以 Form.Show()方法显示，当窗体关闭时，非内存资源自动清除。
> 对模态窗口来说，以 Form.ShowDialog()方法显示，会产生一个问题，因为对话框通常是在窗口消息之后访问，因此模态对话框必须显示调用 Dispose()方法来释放它的非内存资源。

当 Show()方法被调用时，窗体的事件和方法总是依照下面的顺序被触发。

（1）Load 事件

Load 事件用于执行必须在窗体显示之前发生的操作。可以用它来为窗体和窗体上的控件设置默认属性。

（2）Closing 事件

当窗体收到关闭的请求时，Closing 事件被触发。

（3）Closed 事件

Closed 事件发生在从窗体关闭之后到 Dispose 事件之前的事件段

（4）Dispose 事件

终止代码必须在 Dispose()方法中，并且在调用 base.Dispose()之前执行。应用程序的主窗体自动调用 Dispose()方法，而其他窗体则必须显示调用该方法。

【例 2-1】设置窗体颜色。

【实例介绍】本实例实现改变窗体颜色的功能。运行程序，此时显示的窗体的颜色如图 2-10 所示，单击"改变窗体颜色"按钮，效果如图 2-11 所示，此时窗体颜色发生了变化。

图 2-10　改变颜色前的窗体

图 2-11　改变颜色后的窗体

【实现过程】

（1）创建一个 Windows 应用程序，项目名称为 Eg2-2。

（2）界面设计，窗体以及控件的属性如表 2-4 所示。

表 2-4　属性设置

对象名称	属性名称	属性值
窗体（Form）	Name	FrmbkColor
	Text	窗体颜色变化
	BackColor	MistyRose
按钮	Name	btnColor
	Text	改变窗体颜色

（3）在 btnColor 按钮的单击事件中编写以下代码：

```
using System;
using System.Collections.Generic;
using System.ComponentModel;
using System.Data;
using System.Drawing;
using System.Linq;
using System.Text;
using System.Windows.Forms;
namespace Eg2_2
{
    public partial class FrmbkColor : Form
    {
        public FrmbkColor()
        {
            InitializeComponent();
        }
        private void btnColor_Click(object sender, EventArgs e)
        {
            this.BackColor = Color.BlueViolet; //设置窗体颜色
        }
    }
}
```

可以通过设置窗体的 BackColor 属性的值来设置窗体的颜色，该属性值在设计面板中可以在下拉列表框中选择相应的颜色值来确定，也可通过编写代码实现。

❑ 窗体颜色的值不仅通过 Color 类的枚举值可以实现，也可以通过使用 Color.FromArgb()方法，在该方法中设定相应的参数即可。

```
this.BackColor = Color.FromArgb(125, 200, 135);
//其中 125 为红色分量，200 为绿色分量，135 为蓝色分量
```

❑ 如果 Opacity 属性的值设为 0，此时窗体处于完全透明状态，设置窗体颜色的值将失去作用。

❑ 窗体中控件的颜色也可以通过 BackColor 属性的值来设置。

任务实现

步骤 1 建立项目。

新建一个 Windows 应用程序，将其名称设置为 Eg2_3。

步骤 2 界面设计。

（1）在菜单中选择"项目"→"增加 Windows 窗体"命令，创建一个新的窗体。

（2）打开 Form1.cs[设计]文件，在工具箱中选择 Button 按钮，然后移动鼠标，在窗体的适当位置按下鼠标左键后拖动到适当位置，释放鼠标。

步骤 3 属性设置。

在属性窗口中，将按钮 Button1 的 Text 属性清空，再输入"打开新窗体"。

步骤 4 编写程序。

设置好窗体以及各控件的属性后，接下来编写程序代码。双击按钮，在按钮的单击事件中加入如下代码：

```
private void button1_Click(object sender, EventArgs e)
{
    Form2 newform = new Form2();    //实例化一个新的对象
    newform.Show();                  //显示新窗体
}
```

步骤 5 调试与运行。

任务 2.3　创建多文档界面（MDI）应用程序

学习目标

❑ 创建多文档界面（Multiple-Documents Interface，MDI）应用程序；
❑ 排列 MDI 的子窗体。

任务描述

多文档界面（MDI）应用程序在同一时刻有多个文档是可见的，每一个文档在其自己的窗口中显示，即用户可以同时打开多个文档，每一个文档显示在应用程序主窗口客户区的独立窗口中。多文档界面应用程序中的父窗体是包含多文档界面子窗体的窗体，子窗体用来与用户进行交互。如 Windows Excel 程序，在 Excel 中，可以同时打开和使用多个文档。

本任务通过创建多文档界面应用程序，对 MDI 的子窗体进行排列。

技术要点

2.3.1 多文档界面（MDI）应用程序

MDI 允许创建在单个容器窗体中包含多个窗体的应用程序，它一般包括 3 个部分：

- 父窗口：也可称为"MDI容器"，有可改变大小的边框、标题栏、系统菜单等。一个MDI应用程序一般只有一个父窗口，父窗口控制着其他各类窗口。
- 工作空间：提供对下属MDI子窗口的管理，每一个MDI应用程序有一个工作空间。文档或子窗口被包含在工作空间中，不能超出工作空间的范围。
- 子窗口：当用户打开或创建一个文档时，客户窗口便为该文档创建一个子窗口。每个子窗口都有可以改变大小的边框、标题栏、系统菜单、最小最大化按钮等。任何时刻只有一个子窗口是活动的。

1. 设置 MDI 窗体

MDI 窗体中，起到容器作用的窗体被称为"父窗体"，可放在父窗体中的其他窗体被称为"子窗体"，也称为"MDI 子窗体"。当 MDI 应用程序启动时，首先会显示父窗体。所有的子窗体都在父窗体中打开，在父窗体中可以在任何时候打开多个子窗体。每个应用程序只能有一个父窗体，其他子窗体不能移出父窗体的框架区域。下面介绍如何将窗体设置成父窗体或子窗体。

（1）设置父窗体

如果要将某个窗体设置成父窗体，只要在窗体的"属性"面板中将 IsMdiContainer 属性设置为 True 即可，如图 2-12 所示。

（2）设置子窗体

设置完父窗体后，可以通过设置某个窗体的 MdiParent 属性来确定子窗体。该属性格式如下：

Public Form MdiParent{get; set;}

属性值：MDI 父窗体。

图 2-12 设置 Form1 窗体为 MDI 窗体

> **提示**
>
> 在多文档界面应用程序中，一个父窗体可以拥有多个子窗体，每一个子窗体都与父窗体进行交互。
>
> 使用 ActiveMdiChild 属性可以确定活动的 MDI 子窗体：
>
> Form activeChild=this. ActiveMdiChild;

【例 2-2】包含 MDI 主窗体和子窗体的项目。

【实例介绍】将 Form2、Form3 等窗体设置成当前 Form1 主窗体的子窗体，并且在父窗体中打开这两个子窗体。程序运行结果如图 2-13 所示。

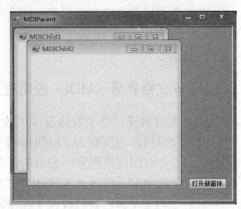

图 2-13 多文档窗体

【实现过程】

（1）建立项目。新建一个 Windows 应用程序，将其名称设置为 Eg2_4。

（2）界面设计。

在"解决方案资源管理器"中右击 Form1.cs，在弹出的快捷菜单中选择"重命名"命令，然后将窗体的名称修改为 MDIParent.cs。接下来，将窗体的 Text 属性设置为 MDIParent，并将它的 IsMdiContainer 属性设置为 True。在菜单中选择"项目"→"增加 Windows 窗体"命令，创建两个新的窗体，窗体分别命名为 MDIChild1.cs、MDIChild2.cs，并将其对应的 Text 属性改为 MDIChild1 和 MDIChild2。添加一个按钮到 MDIParent 窗体中，将按钮的 Text 属性清空，再输入"打开新窗体"。窗体及控件的属性设置如表 2-5 所示。

表 2-5 属性设置

对象名称	属性名称	属性值
窗体(Form)1	Name	MDIParent
	Text	MDIParent
	IsMdiContainer	True
窗体(Form)2	Name	MDIChild1
	Text	MDIChild1
窗体(Form)3	Name	MDIChild2
	Text	MDIChild2
按钮 Button1	Name	button1
	Text	打开新窗体

（3）编写程序。

双击按钮，访问它的 Click 事件编写代码：

```
private void button1_Click(object sender, EventArgs e)
```

```
            {
                        MDIChild1 ChildForm1 = new MDIChild1();
                        //首先实例化 MDIChild1 对象,命名为 ChildForm1
                        ChildForm1.MdiParent = this;
                        //指定即将打开的 MDIChild1 对象的 MdiParent,即 MDIChild1 对象的 MDI 父窗口,
                        为当前的主 MDI 窗口
                        ChildForm1.Show();      //显示新窗体
                        MDIChild2 ChildForm2 = new MDIChild2();
                        //首先实例化 MDIChild2 对象,命名为 ChildForm2
                        ChildForm2.MdiParent = this;
                        //指定即将打开的 MDIChild2 对象的 MdiParent,即 MDIChild2 对象的 MDI 父窗口,
                        为当前的主 MDI 窗口
                        ChildForm2.Show();      //显示新窗体
            }
```

（4）调试与运行，效果如图 2-13 所示。

问题讨论：如何防止重复打开窗口？

出现这种情况的主要原因是，在新打开窗口时并没有判别当前 MDI 主窗口是否有相同的窗体出现。因此，必须在打开一个窗口的同时判断是否重复窗口的问题，例如，在窗口 1 单击事件的代码中补充如下内容。

小实验：修改鼠标单击事件，防止重复打开窗口源代码：

```
        private void button1_Click(object sender, EventArgs e)
        {
                //直接检测是否已经打开此 MDI 窗体
                //是否已经打开了？（用循环来判断）
                foreach (Form childrenForm in this.MdiChildren)
                {
                    //检测是不是当前子窗体名称
                    if (childrenForm.Name == "MDIChild1")
                    {
                        //是的话就显示它
                        childrenForm.Visible = true;
                        //并激活该窗体
                        childrenForm.Activate();
                        return;
                    }
                }
                //下面是打开子窗体
                MDIChild1 ChildForm1 = new MDIChild1();
                ChildForm1.MdiParent = this;
                ChildForm1.Show();
        }
```

对于子窗体 2，也要做同样的判断再打开。

2. 排列 MDI 子窗体

如果一个 MDI 窗体中有多个子窗体被同时打开，界面会显得非常混乱，而且不容易浏览。这时可以通过使用带 MdiLayout 枚举的 LayoutMdi()方法来重新排列多文档界面父窗体

中的子窗体。该方法的语法格式如下：

public void LayoutMdi(MdiLayout value)

value:MdiLayout 枚举值之一，用来定义 MDI 子窗体的布局。MdiLayout 枚举用于指定 MDI 父窗体中子窗体的布局，其枚举成员及说明如表 2-6 所示。

表 2-6　MdiLayout 枚举成员及说明

枚举成员	说　　明
ArrangeIcons	所有 MDI 子图标均排列在 MDI 父窗体的工作区内
Cascade	所有 MDI 子窗体均层叠在 MDI 父窗体的工作区内
TileHorizontal	所有 MDI 子窗体均水平平铺在 MDI 父窗体的工作区内
TileVertical	所有 MDI 子窗体均垂直平铺在 MDI 父窗体的工作区内

任务实现

步骤 1　建立项目。

新建一个 Windows 应用程序，将其名称设置为 Eg2_5。

步骤 2　界面设计。

将窗体 Form1 的 IsMdiContainer 属性设置为 True，以用作 MDI 父窗体，然后再添加两个 Windows 窗体，分别命名为 MDIChild1.cs、MDIChild2.cs，用作 MDI 子窗体。

步骤 3　属性设置。

- 在"解决方案资源管理器"中右击Form1.cs，在弹出的快捷菜单中选择"重命名"命令，然后将窗体的名称修改为MDIParent.cs。接下来，将窗体的Text属性设置为MDIParent，并将它的IsMdiContainer 属性设置为True。在菜单中选择"项目"→"增加Windows窗体"命令，两个新的窗体对应的Text属性分别改为MDIChild1和MDIChild2。窗体及控件的属性设置如表2-7所示。
- 添加3个按钮至MDIParent窗体中，将其Text属性分别设为"水平平铺"、"垂直平铺"和"层叠排列"。

表 2-7　属性设置

对象名称	属性名称	属性值
窗体(Form)1	Name	MDIParent
	Text	MDIParent
	IsMdiContainer	True
窗体(Form)2	Name	MDIChild1
	Text	MDIChild1
窗体(Form)3	Name	MDIChild2
	Text	MDIChild2
按钮 Button1	Name	button1
	Text	水平平铺

对象名称	属性名称	属性值
按钮 Button2	Name	Button2
	Text	垂直平铺
按钮 Button3	Name	Button3
	Text	层叠排列

步骤 4 编写程序。

```
private void MDIParent_Load(object sender, EventArgs e)
{
    MDIChild1 ChildForm1 = new MDIChild1();
    ChildForm1.MdiParent = this;
    ChildForm1.Show();
    MDIChild2 ChildForm2 = new MDIChild2();
    ChildForm2.MdiParent = this;
    ChildForm2.Show();
}
private void button1_Click(object sender, EventArgs e)
{
    LayoutMdi(MdiLayout.TileHorizontal); //水平平铺
}
private void button2_Click(object sender, EventArgs e)
{
    LayoutMdi(MdiLayout.TileVertical); //垂直平铺
}
private void button3_Click(object sender, EventArgs e)
{
    LayoutMdi(MdiLayout.Cascade);     //层叠排列
}
```

步骤 5 调试与运行。

程序运行后，单击"水平平铺"、"垂直平铺"和"层叠排列"按钮，运行效果分别如图 2-14、图 2-15 和图 2-16 所示。

图 2-14 水平平铺子窗体

图 2-15 垂直平铺子窗体

图 2-16 层叠排列子窗体

知识拓展

2.3.2 MessageBox 类

.NET Framework 提供了一个 MessageBox 类用于显示包含文本、按钮和符号的消息框，该类实际上不是一个 Form 对象，但它是模态对话框最基本的类型。所有的 MessageBox 窗口都是模态的，调用该类的 Show()方法来实现消息的显示。如表 2-8 所示为 Show()方法常用原型。

表 2-8 Show()方法常用原型

方 法 名 称	说　　明
MessageBox.Show(String)	显示具有指定文本的消息框
MessageBox.Show(String,String)	显示具有指定文本和标题的消息框
MessageBox.Show(String,String,MessageBoxButtons)	显示具有指定文本、标题和按钮的消息框
MessageBox.Show(String,String,MessageBoxButtons, MessageBoxIcon)	显示具有指定文本、标题、按钮和图标的消息框
MessageBox.Show(String,String,MessageBoxButtons, MessageBoxIcon,MessageBoxDefaultButton)	显示具有指定文本、标题、按钮、图标和默认按钮的消息框
MessageBox.Show(String,String,MessageBoxButtons, MessageBoxIcon,MessageBoxDefaultButton,MessageBoxOptions)	显示具有指定文本、标题、按钮、图标、默认按钮和选项的消息框

默认情况下，消息框不显示图标只显示单独的 OK 按钮，重载 Show()方法可以允许显示和其他设置被定制。可以应用如表 2-9 以下 4 个枚举值：MessageBoxButtons、Message-BoxIcon、MessageBoxDefaultButton 和 MessageBoxOptions。

表 2-9 MessageBox 类枚举值

类别	名称	说明
MessageBox Buttons 枚举值	OK	消息框包含一个"确定"按钮
	OKCancel	消息框包含"确定"和"取消"按钮
	YesNo	消息框包含"是"和"否"按钮
	YesNoCancel	消息框只包含"是"、"否"和"取消"按钮
	AbortRetryIgnore	消息框只包含"终止"、"重试"和"忽略"按钮
	RetryCancel	消息框只包含"重试"和"取消"按钮
MessageBoxIcon 枚举值	Error	消息框包含一个错误符号,一个红色的圆圈中有一个白色的"×",用于无法预料的会阻止一项操作继续进行的问题
	Information	消息框包含一个信息符号,一个圆圈中有一个小写字母 i,用于有关应用程序的普通消息,如状态或告示
	Question	消息框包含一个问号,用于要求用户作出选择的 Yes/No 问题处理
	Warning	消息框包含一个警告符号,一个黄色的三角形中有一个感叹号,用于可能妨碍一项操作继续进行的能力的问题
MessageBoxDefaultButton 枚举值	Button1	第一个按钮是默认值
	Button2	第二个按钮是默认值
	Button3	第三个按钮是默认值
MessageBoxOptions 枚举值	DefaultDesktopOnly	消息框在交互式窗口区域的默认桌面上显示。指定消息框从 Microsoft .NET Framework windows 服务应用程序显示以通知事件的用户
	None	选项未设置
	RightAlign	消息框文本和标题栏声明为右对齐
	RtlReading	所有文本、按钮、图标和标题栏中显示的从右向左
	ServiceNotification	消息框在当前活动的桌面显示,即使没有用户登录到计算机。指定消息框从 Microsoft .NET Framework windows 服务应用程序显示以通知事件的用户

【例 2-6】在关闭窗口前加入确认对话框。

【实例介绍】用户对系统进行操作时,难免会有错误操作的情况,例如不小心关闭系统窗体,如果尚有许多资料没有保存,那么损失将非常严重,所以最好使窗体具有灵活的交互性。人机交互过程一般都是通过对话框来实现的,对话框中有提示信息并且提供按钮让用户选择,例如"是"或"否"按钮。这样用户就能够对所做的动作进行确认。在关闭窗体之前提示用户将要关闭窗体,并且提示用户选择是否继续下去,这样就大大减少了错误操作现象。本例程序中的窗口在关闭时会显示一个对话框,该对话框中有两个按钮"是"与"否"代表是否同意关闭程序操作,如图 2-17 所示。

窗口正要关闭但是没有关闭之前会触发 FormClosing 事件,该事件中的参数 FormClosingEventArgs e 中包含 Cancel 属性,如果设置该属性为 True,窗口将不会被关闭。所以在该事件处理代码中可以提示用户是否关闭程序，如果用户不想关闭程序，则设置该参数为 True。利用 MessageBox 参数的返回值可以知道用户所选择的按钮。下面详细介绍相关属性。

CancelEventArgs.Cancel 属性用来获取或设置指示是否应取消事件的值。该属性结构如下：

public bool Cancel { get; set; }

属性值：如果应取消事件，则为 True；否则为 False。

图 2-17　关闭窗体确认对话框

【实现过程】

（1）创建一个项目，将其命名为 Eg2_6，默认窗体为 Form1。

（2）主要程序代码。

```
private void Form1_FormClosing(object sender, FormClosingEventArgs e)
{
    if (MessageBox.Show("将要关闭窗体，是否继续？", "提示", MessageBoxButtons.YesNo, MessageBoxIcon.Warning) == DialogResult.Yes)
    {
        e.Cancel = false;      //窗体关闭事件继续
    }
    else
    {
        e.Cancel = true;       //窗体关闭事件取消
    }
}
```

（3）调试与运行。

项目拓展

1．任务

作为承接随笔记项目的软件公司的程序员，负责开发该系统，请完成对系统窗体的美化工作。

2．描述

在进行 Winform 设计时，用户界面的美观度和最后的用户感受是一款软件非常重要的内容。我们通过 Visual Studio 2010 设计的 Winform 窗体系统界面都是普通窗体界面，谈不到美观之说，大多数美化 WinForm 窗体的工作不是通过 VS 2010 设计的，而是通过第三方皮肤文件完成的。

从附件资料中可以找到有第三方动态链接库文件 IrisSkin4.dll，这个文件是第三方开发设计的 WinForm 界面美化的主要文件，通过使用不同的皮肤文件*.ssk 可以使窗体显示不同的风格。

3. 要求

加载皮肤动态链接库文件并实现界面美化。

【实现过程】

（1）将 IrisSkin4.dll 动态文件导入当前项目引用中。

在"解决方案资源管理器"下的"当前项目"上右击，在弹出的快捷菜单中选择"添加引用"命令，打开如图 2-18 所示的对话框，找到 IrisSkin4.dll 文件，然后加入即可。在此，最好把 IrisSkin4.dll 文件放在当前项目\bin\Debug 文件中。

（2）在窗体的 Load()事件中添加代码如下：

```
Sunisoft.IrisSkin.SkinEngine skin = new Sunisoft.IrisSkin.SkinEngine(); skin.SkinFile =
System.Environment.CurrentDirectory + "\\skins\\" + "Wave.ssk";
skin.Active = true;
```

（3）运行效果如图 2-19 所示。

图 2-18　添加引用对话框

图 2-19　加了 Wave 皮肤的窗体

提示

可以通过选择不同的皮肤文件*.ssk 来更换不同的效果。

项目小结

通过使用 IDE 创建 Windows 应用程序，熟悉 Visual Studio.NET 集成开发环境，窗体设计器、属性窗口、工具箱、解决方案资源管理器、代码窗口等。

传统上，Microsoft Windows 应用程序用户界面样式主要有单文档界面、多文档界面等。要决定哪种界面样式最合适，需要考虑应用程序的目的。在创建一个基于 Windows 的应用程序之前，必须为应用程序确定用户界面的样式。SDI 样式是 Windows 应用程序较常用的布局选项。创建 MDI 应用程序有一些需要单独考虑的问题和技巧。

习题

1. 新建"Windows 应用程序"项目,并创建一个窗体。不显示窗体的最大化按钮。指定窗体的背景图片,图片的大小根据窗体的大小决定。单击窗体时,弹出一个消息框。
2. 单文档界面(SDI)应用程序与多文档界面(MDI)应用程序有什么区别?
3. 创建项目演示窗体的显示和隐藏。程序运行时,单击窗体上的"打开新窗体"按钮,则会显示新窗体,同时隐藏旧窗体。

项目 3 用户登录模块实现

用户登录模块是管理系统中必不可少的功能模块,用户登录模块可以防止非法用户进入系统、非法篡改数据和其他一些非法操作,从而保证系统的安全性和可靠性。

本项目介绍随笔记系统登录功能的设计和实现,用户进入登录界面后,输入用户名和密码,单击"确定"按钮,进行数据有效性的验证之后,将连接到后台数据库验证用户名和密码的正确性,如果正确,将进入主程序,否则弹出错误提示对话框。单击"取消"按钮,退出登录系统。

任务 3.1 系统登录模块界面设计

学习目标

- 掌握 Label 控件的使用;
- 掌握 Button 控件的使用;
- 掌握 TextBox 控件的使用。

任务描述

当系统启动之后,需要进行用户的身份验证,只有合法用户才能对系统的相关数据进行操作。在了解随笔记系统需求后,在本项目里设计一个用户登录界面,掌握在 C#环境下如何创建一个项目,完成随笔记系统中用户登录界面的设计,如图 3-1 所示。

图 3-1 登录界面

技术要点

3.1.1 控件

控件是包含在窗体对象中的对象。Visual Studio .NET 提供了一个集合对象，它包括了窗体或容器控件上的所有控件。这个集合对象就是 ControlCollection 对象，可以通过使用窗体或控件的 Control 属性对其进行访问。Winform 中的常用控件来自于系统 System.Windows.Forms.Control，该类库来自 System.Windows.Forms 命名空间之内，该命名空间提供各种控件类，使用这些控件类，可以创建丰富的用户界面。

1. 控件的添加

（1）在窗体界面设计时添加控件

第一种是在"视图"菜单中单击"工具箱"，在打开的工具箱中双击要添加的控件。这样在活动对象的左上角就放置了一个默认大小的控件实例，然后重新调整控件的大小和位置。

第二种是在工具箱中单击想要的控件，然后在窗体上移动鼠标指针，当指针图形变为十字型，将光标放在期望的控件左上角所在的位置，然后按住鼠标拖动光标到期望的控件右下角所在的位置再释放鼠标。

第三种是在工具箱中单击想要的控件，然后在窗体期望的相应位置单击。

（2）在运行时添加控件

可以使用 Controls 属性的 Add()方法在运行时添加控件。

下面的代码演示了如何在窗体上添加一个默认大小的 Button 控件。

```
Button button1 = new Button();
button1.Name = "button1";
button1.Text = "MyButton";
button1.Left = 100;
button1.Top = 100;
this.Controls.Add(button1);
```

2. 控件的布局

当窗体上有多个控件时，控件的大小、位置经常是杂乱无章的，这时可以使用"格式"菜单或布局工具栏来对其分层和锁定窗体上的控件。

（1）选中需要布局的控件

当某个控件被选中时，控件周围会出现 8 个方块控制点。用 Shift 或 Ctrl 键选中多个控件时，其中有一个控件为基准控件（该控件周围的控制点为空心小方块），如图 3-2 中的 button1 控件，当对选中的控件进行对齐、大小、间距调整时，系统自动会以基准控件为准进行调整。

（2）实现控件布局

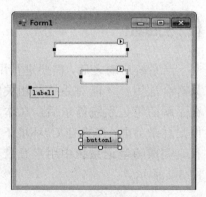

图 3-2　控件布局前界面

通过"格式"菜单或工具栏实现控件布局，如图 3-3 和图 3-4 所示。

项目 3　用户登录模块实现

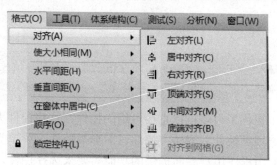

图 3-3　菜单打开内容

图 3-4　布局工具栏

在格式菜单上，指向对齐，然后单击可用的 7 个选项中的任意一项，如图 3-5 所示，依次类推，可以设置控件大小、水平间距、垂直间距等。

3. Tab 键顺序

在 Winform 桌面应用程序中常常会遇到用户要求尽量避免使用鼠标的操作，那么我们怎样更好地操作程序呢？这就要用到 Tab 键来调整控件的焦点从而方便操作。Tab 键顺序指用户按 Tab 键将焦点从一个控件移动到另一个控件的顺序。每个窗体上的控件都有其自己的 Tab 键顺序。默认情况下，Tab 键顺序与创建控件的顺序相同，Tab 键顺序的编号从 0 开始，即第一个绘制的控件的 TabIndex 值为 0，第二个绘制的控件的 TabIndex 值为 1，依次类推。那如何来更改控件的 Tab 键顺序呢？

第一种方法是在"视图"菜单上选择"Tab 键顺序"命令，即可看到控件的实际键值，如图 3-6 所示。依次单击控件以建立所需的 Tab 键顺序，完成后再次从"视图"菜单中选择"Tab 键顺序"命令即可。

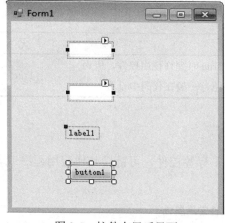

图 3-5　控件布局后界面

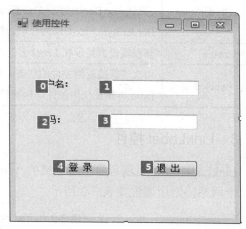

图 3-6　为控件设置 Tab 键顺序

第二种方法是使用 TabIndex 属性设置 Tab 键顺序。选择控件，设置控件的 TabIndex 属性为所需要的值，同时将 TabStop 属性设置为 True。

提示

控件的 TabStop 属性为 False，可在窗体的 Tab 键顺序中忽略该控件，即在用 Tab 键循环激活控件时，该控件将被跳过，但它仍维持其在 Tab 键顺序中的位置。

工具箱的选项卡中提供了很多可以直接可用的控件，这些控件大致可以分为命令类的控件、文本类控件、选项类控件、容器类控件、图形类控件、菜单类控件或者对话框类控件。程序员可以根据应用程序用户界面提供的功能需要来选择控件，如这些控件都不满足要求，还可以开发自己的控件。

3.1.2　Label 控件

Label（标签）控件是 Windows 窗体常用的控件，它对应于 System.Windows.Forms.Label 类，一般用于在窗体中相对固定的位置显示静态文本信息，Label 控件常用的属性如表 3-1 所示。

表 3-1　Label 控件常用属性

属性名称	说　　明	默 认 设 置
Text	用来设置或返回标签控件中显示的文本信息	label1
AutoSize	用来获取或设置一个值，该值指示是否自动调整控件的大小以完整显示其内容。取值为 True 时，控件将自动调整到刚好能容纳文本时的大小，取值为 False 时，控件的大小为设计时的大小	True
Anchor	用来确定此控件与其容器控件的固定关系	Top, Left
BackColor	用来获取或设置控件的背景色。当该属性值设置为 Color.Transparent 时，标签将透明显示，背景色不再显示出来	Control
BorderStyle	用来设置或返回边框。有 3 种选择：BorderStyle.None 为无边框（默认），BorderStyle.FixedSingle 为固定单边框，BorderStyle.Fixed3D 为三维边框	None
Image	获取或设置显示在 Label 上的图像	无
Enabled	用来设置或返回控件的状态。值为 True 时允许使用控件，值为 False 时禁止使用控件，标签呈暗淡色，一般在代码中设置	True

3.1.3　LinkLabel 控件

LinkLabel 控件表示可显示超链接的 Windows 标签控件，可链接其他应用程序或者链接某个网站，常用属性如表 3-2 所示。

表 3-2　LinkLabel 控件常用属性

属性名称	说　　明
LinkArea	获取或设置文本中视为链接的范围
LinkBehavior	获取或设置一个表示链接行为的值

续表

属 性 名 称	说　明
LinkColor	获取或设置显示普通链接时使用的颜色
LinkVisited	获取或设置一个值，该值指示链接是否应显示为如同被访问过的链接
VisitdLinkColor	获取或设置当显示以前访问过的链接时所使用的颜色

在 LinkClicked 事件处理程序的异常处理块中间，确定选择链接后将发生的操作。

3.1.4　文本控件 TextBox

Windows 窗体中的 TextBox 控件（文本框）用于获取用户输入或显示文本。文本框通常用于可编辑文本，但是也可使其成为只读控件。文本框可以显示多个行，对文本换行使其符合控件的大小以及添加基本的格式设置。TextBox 控件为在该控件中显示的或输入的文本提供一种格式化样式。如果要显示多种类型的带格式文本，可以使用 RichTextBox 控件。文本框对象的设置通过该控件的相关属性来完成，TextBox 控件的主要属性如表 3-3 所示。

表 3-3　TextBox 控件常用属性

属 性 名 称	说　明	默 认 设 置
Text	标签中显示的标题	无
MaxLength	获取或设置用户可在文本框控件中输入或粘贴的最大字符数	32767
PasswordChar	获取或设置字符，该字符用于屏蔽单行 TextBox 控件中的密码字符	无
Multiline	控制编辑控件的文本是否能够跨越多行	False
ReadOnly	用户可滚动并突出显示文本框中的文本，但不允许更改。"复制"命令在文本框中仍然有效，但"剪切"和"粘贴"命令都不起作用	False
WordWrap	指定在多行文本框中，如果一行的宽度超过了控件的宽度，其文本是否应自动换行	True
BorderStyle	获取或设置文本框控件的边框类型	Fixed3D
CharacterCasing	获取或设置 TextBox 控件是否在字符输入时修改其大小写格式	Normal

TextBox 控件的常用方法如表 3-4 所示。

表 3-4　TextBox 控件常用方法

方 法 名 称	说　明
AppendText	向文本框的当前文本追加文本
Clear	从文本框控件中清除所有文本
Copy	将文本框中当前选定内容复制到"剪贴板"
Cut	将文本框中当前选定内容移动到"剪贴板"
DeselectAll	将 SelectionLength 属性的值指定为 0，从而不会在控件中选择字符
Focus	为控件设置输入焦点
Paste	用剪贴板的内容替换文本框中的当前选定内容
Select	选择控件中的文本

TextBox 控件的常用事件如表 3-5 所示。

表 3-5 TextBox 控件常用事件

事 件 名 称	说 明
Enter	进入控件时发生
Leave	在输入焦点离开控件时发生
TextChanged	在 Text 属性值更改时发生
Validated	在控件完成验证时发生
Validating	在控件正在验证时发生

3.1.5 Button 控件

Button 控件（按钮）存在于几乎所有的 Windows 窗口中。按钮主要用于执行 3 类任务：
- 用某种状态关闭对话框（如OK和Cancel按钮）。
- 对对话框中输入的数据执行操作（例如，输入一些搜索条件后，单击Search）。
- 打开另一个对话框或应用程序（如Help按钮）。

Button 控件常用的属性如表 3-6 所示。

表 3-6 Button 控件常用属性

属 性 名 称	说 明
Text	获取或设置指定显示的文本
FlatStyle	按钮的样式可以用这个属性改变。如果把样式设置为 PopUp，则该按钮就显示为平面，直到用户再把鼠标指针移动到它上面为止。此时，按钮会弹出，显示为 3D 外观
Enabled	这个属性派生于 Control，是一个非常重要的属性。设置为 False，则该按钮就会灰显，单击它不会起任何作用
Image	可以指定一个在按钮上显示的图像（位图、图标等）
ImageAlign	使用这个属性，可以设置按钮上的图像在什么地方显示

按钮最常用的事件是 Click。只要单击了按钮，即当鼠标指向该按钮后，按下鼠标左键再释放它，就会引发该事件。如果在按钮上单击了鼠标左键，然后把鼠标移动到其他位置再释放鼠标，将不会引发 Click 事件。同样，在按钮得到焦点且用户按下了 Enter 键时，也会引发 Click 事件。如果窗体上有一个按钮，就总是要处理这个事件。Button 控件常用事件如表 3-7 所示。

表 3-7 Button 控件常用事件

属 性 名 称	说 明
Click	当用户单击按钮控件时，将发生该事件
MouseDown	当用户在按钮控件上按下鼠标左键时，将发生该事件
MouseUp	当用户在按钮控件上释放鼠标左键时，将发生该事件

【例 3-1】加法器。

【实例介绍】设计一个应用程序，用户在文本框里输入数据后，单击提交按钮后显示两个数据之和。

【实现过程】

（1）新建一个 Windows 应用程序，项目名称为 Eg3-1。

（2）设计程序界面，如图 3-7 所示。

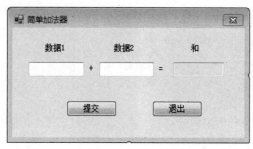

图 3-7　加法器界面

（3）程序中的主要控件及属性值如表 3-8 所示。

表 3-8　加法器界面主要控件及属性

对象名称	属性名称	属性值
窗体（Form）	Name	frmAdd
	Text	简单加法器
	Size	300,200
	StartPosition	CenterScreen
	FormBorderStyle	FixedToolWindow
	MaximizeBox	False
	MinimizeBox	False
标签（Label）1	Text	数据 1
标签（Label）2	Text	数据 2
标签（Label）3	Text	和
文本框（TextBox）1	Name	txtFirst
文本框（TextBox）2	Name	txtSecord
文本框（TextBox）3	Name	txtResult
	ReadOnly	True
按钮 Button1	Name	btnOk
	Text	提交（&S）
按钮 Button2	Name	btnExit
	Text	退出（&X）

（4）功能实现，双击按钮，在按钮的单击事件中加入如下代码：

```csharp
using System;
using System.Collections.Generic;
using System.ComponentModel;
using System.Data;
using System.Drawing;
using System.Linq;
using System.Text;
using System.Windows.Forms;
namespace Eg3_1
{
    public partial class frmAdd : Form
    {
        int num1, num2;
        public frmAdd()
        {
            InitializeComponent();
        }
        private void btnOk_Click(object sender, EventArgs e)
        {
            int result;
            num1 = int.Parse(txtFirst.Text.Trim());
            num2 = int.Parse(txtSecord.Text.Trim());
            result = num1 + num2;
            txtResult.Text = result.ToString();
        }
        private void btnExit_Click(object sender, EventArgs e)
        {
            this.Close();
        }
    }
}
```

（5）调试与运行，结果如图 3-8 所示。

图 3-8　加法器运行结果

3.1.6　PictureBox 控件

PictureBox 控件主要用来显示位图、元文件、图标、JPEG、GIF 或 PNG 文件的图形。在设计时或运行时将 Image 属性设置为要显示的 Image。

```
pictureBox1.Image = Image.FromFile(图片路径字符串);
```

也可以通过设置 ImageLocation 属性指定图像，然后使用 Load()方法同步加载图像或使用 LoadAsync()方法异步加载图像。

默认情况下，PictureBox 控件在显示时没有任何边框。即使图片框不包含任何图像，仍可以使用 BorderStyle 属性提供一个标准或三维的边框，以便使图片框与窗体的其余部分区分。PictureBox 不是可以选择的控件，这意味着该控件不能接收输入焦点。

通过 PictureBox 控件的 SizeMode 属性可以设置该控件中显示的图形与控件的适应方式，SizeMode 属性设置有以下几种：

❏ Normal：将图片的左上角与控件的左上角对齐。
❏ CenterImage：使图片在控件内居中。
❏ StretchImage：调整控件的大小以适合其显示的图片。
❏ AutoSize：拉伸所显示的任何图片以适合控件。

【例 3-2】"关于"对话框。

【实例介绍】该程序主要用来演示 PictureBox 控件的使用。该程序运行时将显示应用程序的相关信息，单击"确定"按钮退出当前程序。设计界面如图 3-9 所示，属性设置如表 3-9 所示。

【实现过程】

（1）新建一个 Windows 应用程序，项目名称为 Eg3-2。
（2）设计程序界面，如图 3-9 所示，各控件属性如表 3-9 所示。

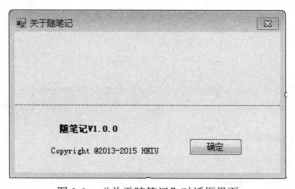

图 3-9 "关于随笔记"对话框界面

表 3-9 加法器界面主要控件及属性

对象名称	属性名称	属性值
窗体（Form）	Name	FrmDialog
	Text	关于随笔记
	Size	390, 231
	StartPosition	CenterScreen
	FormBorderStyle	FixedToolWindow
	MaximizeBox	False
	MinimizeBox	False
标签（Label）1	Text	随笔记 V1.0.0

续表

对象名称	属性名称	属性值
标签（Label）2	Text	Copyright @2013-2015 HNIU
标签（Label）3	Text	和
图片框	Name	picDialog
	Size	379, 103

（3）该程序运行时动态加载图片文件，在 Load 事件中的代码如下：

```csharp
using System;
using System.Collections.Generic;
using System.ComponentModel;
using System.Data;
using System.Drawing;
using System.Linq;
using System.Text;
using System.Windows.Forms;
namespace Eg3_2
{
    public partial class FrmDialog : Form
    {
        public FrmDialog()
        {
            InitializeComponent();
        }
        private void FrmDialog_Load(object sender, EventArgs e)
        {
            picDialog.SizeMode = PictureBoxSizeMode.StretchImage;
            picDialog.Image = Image.FromFile(@"F:\WinForm\第四章图片\bk.PNG");
        }
        private void btnOK_Click(object sender, EventArgs e)
        {
            this.Close();
        }
    }
}
```

（4）调试与运行，效果如图 3-10 所示。

图 3-10 "关于"对话框效果

提示

PictureBox 中的图片可以在设计时设置，也可以在程序运行时动态设置。

任务实现

步骤 1 新建一个 Windows 应用程序，命名为"NoteTaking"。添加 Windows 窗体，命名为 Login.cs。

步骤 2 登录界面的设计。

登录界面主要由标签、文本框、图片框和按钮控件组成，这些控件的属性如表 3-10 所示。

表 3-10 登录界面主要控件及属性

对象名称	属性名称	属性值
窗体（Form）	Name	Login
	Text	登录
	Size	400, 300
	StartPosition	CenterScreen
	FormBorderStyle	FixedToolWindow
	MaximizeBox	False
	MinimizeBox	False
标签（Label）1	Text	用户名：
标签（Label）2	Text	密码：
文本框（TextBox）1	Name	txtUser
	Text	
文本框（TextBox）2	Name	txtPass
	Text	
	PasswordChar	*
	MaxLength	16
按钮（Button）1	Name	btnOk
	Text	登录（&L）
按钮（Button）2	Name	btnExit
	Text	取消（&C）
linkLabel1	Name	linklblNewUser
	Text	注册用户
图片框（pictureBox）1	Name	picbk
	Size	400, 80
	Image	选择图像 bk.jpg
图片框（pictureBox）2	Name	picPhoto
	Size	120, 120
	Image	选择图像 Default.jpg

步骤 3　进行保存操作，运行效果如图 3-11 所示。

图 3-11　登录界面

知识拓展

3.1.7　RichTextBox 控件

多格式文本框（RichTextBox）控件允许用户输入和编辑文本的同时提供了比普通的 TextBox 控件更高级的格式特征。RichTextBox 是一种既可以输入文本又可以编辑文本的文字处理控件，与 TextBox 控件相比，RichTextBox 控件的文字处理功能更加丰富，不仅可以设定文字的颜色、字体，还具有字符串检索功能。另外，RichTextBox 控件还可以打开、编辑和存储.rtf 格式文件、ASCII 文本格式文件及 Unicode 编码格式的文件。

RichTextBox 控件提供了几个有用的特征，从而可以在控件中安排文本的格式。要改变文本的格式，必须先选中该文本。只有选中的文本才可以编排字符和段落的格式。有了这些属性，就可以设置文本使用粗体、改变字体的颜色、创建超底稿和子底稿。也可以设置左右缩排或不缩排，从而调整段落的格式。

1．常用属性

上面介绍的 TextBox 控件所具有的属性，RichTextBox 控件基本上都具备，除此之外，该控件还具有一些其他属性，如表 3-11 所示。

表 3-11　RichTextBox 控件常用属性

属 性 名 称	说　　明
RightMargin	用来设置或获取右侧空白的大小，单位是像素
Rtf	用来获取或设置 RichTextBox 控件中的文本，包括所有 RTF 格式代码。可以使用此属性将 RTF 格式文本放到控件中以进行显示，或提取控件中的 RTF 格式文本。此属性通常用于在 RichTextBox 控件和其他 RTF 源（如 Microsoft Word 或 Windows 写字板）之间交换信息

续表

属 性 名 称	说　明
SelectedRtf	用来获取或设置控件中当前选定的 RTF 格式的格式文本。此属性使用户得以获取控件中的选定文本，包括 RTF 格式代码。如果当前未选定任何文本，给该属性赋值将把所赋的文本插入到插入点处。如果选定了文本，则给该属性所赋的文本值将替换掉选定文本
SelectionColor	用来获取或设置当前选定文本或插入点处的文本颜色
SelectionFont	用来获取或设置当前选定文本或插入点处的字体

通过 RightMargin 属性可以设置右侧空白，如希望右侧空白为 50 像素，可使用如下语句：

RichTextBox1.RightMargin=RichTextBox1.Width-50;

2. 常用方法

RichTextBox 控件还有一些常用的方法，如表 3-12 所示。

表 3-12　RichTextBox 控件常用方法

属 性 名 称	说　明
Undo	用于撤销多格式文本框中的上一个编辑操作
Copy	用于将多格式文本框中被选定的内容复制到剪贴板中
Cut	用于将多格式文本框中被选定的内容移动到剪贴板中
Paste	用于将剪贴板中的内容粘贴到多格式文本框中光标所在的位置
Find	用来从 RichTextBox 控件中查找指定的字符串

3. Find()经常使用的调用格式

❑ RichTextBox 对象.Find(str)

在指定的 RichTextBox 控件中查找文本，并返回搜索文本的第一个字符在控件内的位置。如果未找到搜索字符串或者 str 参数指定的搜索字符串为空，则返回值为 1。

❑ RichTextBox 对象.Find(str,RichTextBoxFinds)

在 "RichTextBox 对象" 指定的文本框中搜索 str 参数中指定的文本，并返回文本的第一个字符在控件内的位置。如果返回负值，则未找到所搜索的文本字符串。还可以使用此方法搜索特定格式的文本。参数 RichTextBoxFinds 指定如何在控件中执行文本搜索。

❑ RichTextBox 对象.Find(st,start,RichTextBoxFinds)

这里 Find()方法与前面的基本类似，不同的只是通过设置控件文本内的搜索起始位置来缩小文本搜索范围，start 参数表示开始搜索的位置。此功能使用户得以避开可能已搜索过的文本或已经知道不包含要搜索的特定文本的文本。如果在 options 参数中指定了 RichTextBoxFinds. Reverse 值，则 start 参数的值将指示反向搜索结束的位置，因为搜索是从文档底部开始的。

4. SaveFile()

用来把 RichTextBox 中的信息保存到指定的文件中，调用格式有以下 3 种。

- RichTextBox 对象名.SaveFile(文件名);将 RichTextBox 控件中的内容保存为RTF格式文件中。
- RichTextBox 对象名.SaveFile(文件名,文件类型);将RichTextBox 控件中的内容保存为"文件类型"指定的格式文件中。
- RichTextBox 对象名.SaveFile(数据流,数据流类型);将 RichTextBox 控件中的内容保存为"数据流类型"指定的数据流类型文件中。

5. LoadFile()

使用 LoadFile 方法可以将文本文件、RTF 文件装入 RichTextBox 控件。主要的调用格式有以下 3 种。

- RichTextBox 对象名.LoadFile(文件名);将RTF格式文件或标准ASCII文本文件加载到RichTextBox 控件中。
- RichTextBox 对象名.LoadFile(数据流,数据流类型);将现有数据流的内容加载到 RichTextBox 控件中。
- RichTextBox 对象名.LoadFile(文件名,文件类型);将特定类型的文件加载到 RichTextBox 控件中。

【例 3-3】写字板。

【实例介绍】该程序主要用来演示 RichTextBox 控件、打开文件对话框、保存文件对话框和字体对话框的使用，写字板界面主要控件及属性设置如表 3-16 所示。该程序该程序运行时，将显示写字板，如图 3-12 所示。单击按钮，可以实现写字板的不同功能。

【实现过程】

（1）新建一个 Windows 应用程序，项目名称为 Eg3-3。

（2）设计程序界面，如图 3-12 所示，各控件属性如表 3-13 所示。

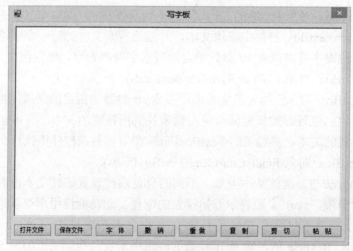

图 3-12 写字板界面

表 3-13 写字板界面主要控件及属性

对象名称	属性名称	属性值
窗体（Form）	Name	Frmtablet
	Text	写字板
	Size	670, 450
	StartPosition	CenterScreen
	FormBorderStyle	FixedToolWindow
	MaximizeBox	False
	MinimizeBox	False
RichTextBox	Name	richTextBox1
	Size	640, 360
按钮（Button）1	Name	btnOpenFile
	Text	打开文件
按钮（Button）2	Name	btnSaveFile
	Text	保存文件
按钮（Button）3	Name	btnFont
	Text	字体
按钮（Button）4	Name	btnUndo
	Text	撤销
按钮（Button）5	Name	btnRedo
	Text	重做
按钮（Button）6	Name	btnCopy
	Text	复制
按钮（Button）7	Name	btnCut
	Text	剪切
按钮（Button）8	Name	btnPaste
	Text	粘贴

（3）程序功能实现代码如下：

```
using System;
using System.Collections.Generic;
using System.ComponentModel;
using System.Data;
using System.Drawing;
using System.Linq;
using System.Text;
using System.Windows.Forms;
namespace Eg3_3
{
    public partial class Frmtablet : Form
```

```csharp
{
    public Frmtablet()
    {
        InitializeComponent();
    }
    private void btnOpenFile_Click(object sender, EventArgs e)
    {
        OpenFileDialog ofdlg = new OpenFileDialog();
        ofdlg.DefaultExt = "*.rtf";
        ofdlg.Filter = "rtf 文件(*.rtf)|*.rtf|所有文件(*.*)|*.*";
        if(ofdlg.ShowDialog ()==DialogResult .OK && ofdlg .FileName .Length >0)
        {
            richTextBox1 .LoadFile (ofdlg .FileName,RichTextBoxStreamType.RichText);
        }
    }
    private void btnSaveFile_Click(object sender, EventArgs e)
    {
        SaveFileDialog sfdlg = new SaveFileDialog();
        sfdlg.Title = "保存";
        sfdlg.FileName = "*.rtf";
        sfdlg.Filter = "rtf 文件(*.rtf)|*.rtf|所有文件(*.*)|*.*";
        sfdlg.DefaultExt = "*.rtf";
        if (sfdlg.ShowDialog() == DialogResult.OK && sfdlg.FileName.Length > 0)
        {
            richTextBox1.SaveFile(sfdlg.FileName, RichTextBoxStreamType.RichText);
        }
    }
    private void btnFont_Click(object sender, EventArgs e)
    {
        FontDialog fdlg = new FontDialog();
        fdlg.ShowColor = true;
        if (fdlg.ShowDialog() != DialogResult.Cancel)
        {
            richTextBox1.SelectionFont = fdlg.Font;
            richTextBox1.SelectionColor = fdlg.Color;
        }
    }
    private void btnUndo_Click(object sender, EventArgs e)
    {
        richTextBox1.Undo();
    }
    private void btnCopy_Click(object sender, EventArgs e)
    {
        richTextBox1.Copy();
    }
    private void btnCut_Click(object sender, EventArgs e)
    {
        richTextBox1.Cut();
    }
    private void btnPaste_Click(object sender, EventArgs e)
```

```
            {
                richTextBox1.Paste();
            }
            private void btnRedo_Click(object sender, EventArgs e)
            {
                richTextBox1.Redo();
            }
        }
```

（4）调试与运行。

3.1.8　MaskedTextBox 控件

MaskedTextBox 类是一个增强型的 TextBox 控件，它支持用于接受或拒绝用户输入的声明性语法。MaskedTextBox 可以限制用户在控件中输入的内容，它还可以自动格式化输入的数据。使用几个属性可以验证或格式化用户的输入。Mask 属性包含覆盖字符串，覆盖字符串类似于格式字符串，使用 Mask 字符串可以设置允许的字符数、允许字符的数据类型和数据的格式。基于 MaskedTextProvider 的类也提供了需要的格式化和验证信息。MaskedTextProvider 只能在它的构造函数中设置。MaskedTextBox 控件的常用属性如表 3-14 所示。

表 3-14　常用属性

属　　性	含　　义	默 认 值
AllowPromptAsInput	指定是否允许将占位符看做有效的输入字符，True 为允许，False 为不允许	True
ResetOnPrompt	决定当输入字符与占位符相同时，是否跳过当前输入字符的位置。若为 True，则跳过输入的字符，光标直接移到下一字符位置；若为 False，则检查该字符是否为允许接收的字符，不符合格式要求的不接收	True
TextMaskFormat	表示由掩码文本框的 Text 属性得到的字符串是否包含占位符、分隔符的内容	IncludeLiterals
HidePromptOnLeave	指示若当前控件未处于活动状态时，是否显示占位符。当值为 True 时，控件不是活动状态隐藏占位符。当值为 False 时，控件不是活动状态时仍然显示占位符	False
Mask	获取或设置运行时使用的输入掩码	

通过使用 Mask 属性，无须在应用程序中编写任何自定义验证逻辑即可指定下列输入：

- ❑ 必需的输入字符。
- ❑ 可选的输入字符。
- ❑ 掩码中的给定位置所需的输入类型；例如，只允许数字、只允许字母或者允许字母和数字。

❑ 掩码的原义字符，或者应直接出现在 MaskedTextBox 中的字符。例如，电话号码中的连字符（-），或者价格中的货币符号。

❑ 输入字符的特殊处理，例如，将字母字符转换为大写字母。

如何使用 Mask 属性设置掩码？

单击 MaskedTextBox 控件的 Mask 属性后的"..."按钮，弹出如图 3-13 所示的对话框。

图 3-13 掩码属性对话框

在该窗体中有一些设置好的时间、电话号码的格式，若这些格式都不能满足设计要求，也可以选择自定义格式，或者在 Mask 属性后的空白处直接输入自定义格式。自定义输入格式时，可以使用掩码和分隔符两类符号。掩码用于限制用户可输入的符号类型，程序运行时掩码以占位符显示。而分隔符可作为输入字符之间的关联符，分隔符显示在掩码文本框中，且不可修改。如表 3-15 和表 3-16 分别列出了常用掩码和分隔符的含义。

表 3-15 常用掩码的含义

掩 码 符 号	含 义
0	数字0-9
9	数字0-9、空格
#	数字0-9、空格、+、-
L	数字a-z、A-Z
&	键盘可输入字符
A、a	字母与数字
<	强制将其后输入的字母转换为小写
>	强制将其后输入的字母转换为大写

表 3-16 常用分隔符的含义

分 隔 符 号	含 义
.	小数分隔符，即小数点
-	连接分隔符
,	数字分隔符
:	时间分隔符
/	日期分隔符
$	货币符号

掩码也可以用代码实现：

```
maskedTextBox1.Mask = "00/00/0000";
```

常用的事件是 MaskInputRejected 事件，是当输入字符不符合掩码要求时触发的操作。

任务3.2 用户登录功能实现

学习目标

- 掌握ADO.NET对象模型；
- 掌握SqlConnection类、SqlCommand、SqlDataReader类及其用法。

任务描述

本任务是实现随笔记系统中登录程序的验证功能，用户进入登录界面后，输入用户名和密码，单击"登录"按钮，在进行数据有效性的验证之后，将连接到后台数据库验证用户名和密码的正确性，如果正确，将进入系统的主界面，否则弹出错误对话框。单击"取消"按钮，退出登录系统。

技术要点

3.2.1 ADO.NET 概述

程序要访问和呈现数据，首先要访问存放于数据库中的数据。

对于过去的大部分计算机而言，唯一可用的环境就是有连接环境。在有连接环境中，应用程序与数据源持续的连接。有连接环境易于维护一个安全的环境，易于控制开发和场景的数据更新及时。但有连接的环境必须存在持续的网络连接，可缩放性差。

随着 Internet 的迅速发展，手机等手持设备、笔记本电脑等便携式电脑的增加，与服务器或数据库断开连接时，仍然要使用应用程序，这时使用无连接环境。我们常常把服务（例如在线书店）构建为连接一个服务器，检索一些数据，再在客户 PC 上处理这些数据，之后重新连接服务器，把数据传送回去进行处理。无连接环境是指用户或者应用程序不能持续地连接到某个数据源的环境。用户可以将数据子集放在一个无连接的计算机上，然后再将更改合并到中央数据存储区。无连接环境可以在任何时间方便地工作，也可以随时连接数据源处理请求，提供了应用程序的可缩放性和性能。但是无连接环境下的数据不能保证是最新的，在多用户使用连接时可能会发生更改冲突。

数据库的类型有很多，常见的有 SQL Server、Oracle、MySQL、DB2 和 Access 等，不同类型的数据库所要求的访问接口不尽相同。因此，有必要在程序和数据之间建立一种有效、便捷的数据访问模型来统一访问不同数据库的接口。数据访问模型有很多种，如 ODBC、DAO、RDO、OLE DB、ADO 和 ADO.NET 等。

ADO.NET 的名称起源于 ADO（ActiveX Data Objects），这是一个广泛的类组，用于在以往的 Microsoft 技术中访问数据。之所以使用 ADO.NET 名称，是因为 Microsoft 希望表明这是在.NET 编程环境中优先使用的数据访问接口。ADO.NET 是为 Microsoft .NET Framework 编程人员提供数据访问服务的对象模型，是.NET Framework 中不可缺少的一部分。ADO.NET 包含了.NET Framework 数据，使程序能够连接各种不同的数据源、执行查询命令以及存储、操作和更新数据，如图 3-14 所示。

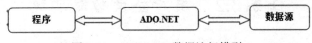

图 3-14 ADO.NET 数据访问模型

ADO.NET 允许和不同类型的数据源以及数据库进行交互。通常情况下，数据源是数据库，但它同样也可以是文本文件、Excel 表格或者 XML 文件，但是并没有与此相关的一系列类来完成这样的工作。因为不同的数据源采用不同的协议，所以对于某类的数据源必须采用相应的协议。一些老式的数据源使用 ODBC 协议，许多新的数据源使用 OLEDB 协议，并且现在还不断出现更多的数据源，这些数据源都可以通过.NET 的 ADO.NET 类库来进行连接。

ADO.NET 提供与数据源进行交互的相关的公共方法，但是对于不同的数据源采用一组不同的类库。这些类库称为 Data Providers（数据提供程序），并且通常是以与之交互的协议和数据源的类型来命名的。为了满足不同的数据库和不同的开发要求，ADO.NET 提供了 4 个数据提供程序：

- 用于连接SQL Server数据源的SQL Server.NET Framework数据提供程序。
- 用于连接Orcale数据源的Orcale.NET Framework数据提供程序。
- 用于连接OLEDB数据源的OLE DB.NET Framework数据提供程序。
- 用于连接ODBC数据源的ODBC.NET Framework数据提供程序。

ADO.NET 使用下面的命名空间提供了在.NET 数据访问中使用的类和接口，如表 3-17 所示。

表 3-17 .NET 数据访问命名空间

命 名 空 间	说 明
System.Data	ADO.NET 的核心，所有的一般数据访问类
System.Data.Common	各个数据提供程序共享（或重写）的类
System.Data.SqlClient	SQL Server .NET 数据提供程序

续表

命 名 空 间	说　明
System.Data.OleDb	OLEDB .NET 数据提供程序
System.Data.SqlTypes	为本地 SQL Server 数据类型提供类和结构
System.Xml	为处理 XML 提供基于标准支持的类、接口和枚举

ADO.NET 结构如图 3-15 所示。

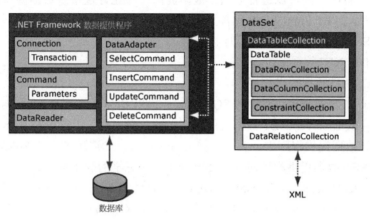

图 3-15　ADO.NET 结构

图 3-15 显示了组成 ADO.NET 对象模型的类。

Connection 类：表示与数据库的连接。通过 Connection 对象的各种属性，可以指定数据源的类型、位置和其他特征，可以作为其他对象与数据库通信以提交查询并检索结果的通道。

Command 类：表示对数据库的查询、对存储过程的调用或用来返回特定表的内容的直接请求。

DataReader 类：帮助用户尽可能快地检索和检查由查询返回的行。可以使用 DataReader 对象每次检查一行查询记录。当向前移到下一行时，就会丢弃前一行的内容，而且返回的数据是只读的并不支持更新，因此它非常快速轻便。

DataAdapter 类：用于存储选择、插入、更新和删除语句的类，可以作为数据库和无连接对象之间的桥梁，因此可以用于生成 DataSet 和更新数据库。DataAdapter 对象提供了许多实际上是 Command 对象的属性。例如，SelectCommand 属性包含一个表示查询的 Command 对象，可以使用该查询填充 DataSet 对象。DataAdapter 对象还包含了 UpdateCommand、InsertCommand 和 DeleteCommand 属性，它们分别对应于向数据库提交已更改的、新建的或已删除的行时所使用的 Command 对象。

DataSet：这个对象主要用于断开连接，它包含一组 DataTable，以及这些表之间的关系。

❑ DataTable：数据的一个容器，DataTable由一个或多个DataColumn组成，每个DataColumn由一个或多个包含数据的DataRow生成。

❑ DataRow：许多数值，类似于数据库表的一行或电子数据表中的一行。

❑ DataColumn：包含列的定义，例如名称和数据类型。

❑ DataRelation：DataSet中两个DataTable之间的链接，用于外键码和主/从关系。
❑ Constraint：为DataColumn（或一组数据列）定义规则，例如唯一值。下面两个类包含在System.Data.Common命名空间中：
■ DataColumnMapping：用 DataTable 中的列名映射数据库中的列名。
■ DataTableMapping：将数据库中的表名映射到 DateSet 中的 DataTable 中。

.NET 数据提供程序是 ADO.NET 架构的核心组件，使得数据源与组件、XML Web Service 以及应用程序之间可以进行通信。数据提供程序允许连接到数据源、检索和操纵数据、更新数据源。.NET Framework 包含了以下数据提供程序：

❑ SQL Server .NET数据提供程序；
❑ OLE DB .NET数据提供程序；
❑ ODBC .NET数据提供程序。

SQL Server .NET 数据提供程序对 SQL Server 2000 和 SQL Server 7.0 数据库提供最优化的访问。要使用 SQL Server .NET 数据提供程序必须在应用程序中包含 System.Data.SqlClient 命名空间。在该数据提供程序中，类名以前缀 Sql 开头，如连接类命名 SqlConnection。

OLE DB .NET 数据提供程序对 SQL Server 6.5 或更早的版本提供访问，也对其他的数据库提供访问，如 Oracle 、Microsoft Access 等。要使用 OLE DB .NET 数据提供程序，必须在应用程序中包含 System.Data.OleDb 命名空间。在 OLE DB .NET 数据提供程序中，类名以前缀 OleDb 开头，如连接类命名 OleDbConnection。

ODBC .NET 数据提供程序利用本地的 ODBC API 调用来连接数据源并与之进行通信。ODBC .NET 数据提供程序被作为一个单独的名为 System.Data.Odbc.dll 程序集来实现。默认情况下，项目模板中没有选择它，必须以手动方式引用。在 ODBC .NET 数据提供程序中，类名以前缀 Odbc 开头，如连接类命名 OdbcConnection。

3.2.2 使用 Connection 数据库连接对象

Connection 主要是开启程序和数据库之间的连接。连接对象用于任何其他 ADO.NET 对象之前，它提供了到数据源的基本连接。如果使用数据库需要用户名和密码，或者是位于远程网络服务器上的数据库，则借助于连接对象就可以提供建立连接并登录的细节。在每一个连接对象名称前带有特定提供者的名称，例如，用于 OLE DB 提供者的连接对象就是 OleDbConnection；用于 SQL Server .NET 提供者的类就是 SqlConnection。

SqlConnection 类用于连接 SQL Server 数据源，使用 SqlConnection 类时应引入命名空间 System.Data.Sqlclient。

SqlConnection 类提供了以下两种构造函数建立 SqlConnection 对象。

1. 默认构造函数：SqlConnection()

默认构造函数不包括任何参数，它所建立的 SqlConnection 对象在未设定它的任何属性之前，它的 ConnectionString、Database 和 DataSource 属性的初始值为空字符串，Connection Timeout 默认是 15 秒。使用 SqlConnection 类的默认构造函数建立连接时，可以先建立 SqlConnection 对象，再设置 ConnectionString 属性指定连接字符串。

例如：

SqlConnection conn = new SqlConnection();
conn.ConnectionString = "server=(local);database=master;Integrated Security=sspi";

2．以连接字符串为参数的构造函数

具体如下：

SqlConnection conn = new SqlConnection("server=(local);database=master;Integrated Security=sspi");

Connection 对象的一些常用的属性如表 3-18 所示。

表 3-18　Connection 常用属性

属 性 名 称	说　　明
CommandTimeOut	设置执行 Execute()方法的过期时间，以秒为单位，默认 30 秒，可写
ConnectionString	描述数据库的连接方式
ConnectionTimeout	设置 Connection 对象连接数据库的过期时间，以秒为单位，默认 15 秒
CursorLocation	设置或返回光标提供者的位置
State	返回数据库的连接状态，是打开还是关闭
Version	返回 ADO 函数的版本

如果 SqlConnection 超出范围，则不会将其关闭。因此必须通过调用 Close 或 Dispose 显式关闭该连接，它们在功能上是等效的。如果将连接池 Pooling 值设置为 true 或 yes，则也会释放物理连接。还可以打开 using 块内部的连接，以确保当代码退出 using 块时关闭该连接。Connection 对象的一些常用方法如表 3-19 所示。

表 3-19　Connection 常用方法

方 法 名 称	说　　明
BeginTrans 方法	初始化一个存取操作
Close 方法	关闭一个数据库连接
CommitTrans 方法	将存取操作所做的改变存储到数据库
Execute 方法	执行 SQL 查询命令
Open 方法	打开一个数据库连接
RollbackTrans 方法	复原存取操作所做出的改变

 提示

- 数据库提供者是指数据的不同来源。
- 连接对象是 ADO.NET 的最底层，可以自己产生也可以由其他对象产生。
- 如没有利用连接对象打开数据库，则无法从数据库中取得数据。

要在数据存储区和应用程序之间移动数据，首先必须有到数据存储区的连接。ConnectionString 属性提供了一些信息，该信息通过字符串参数定义到数据存储区的连接如

表 3-20 所示为连接字符串常用的参数。

表 3-20 ConnectionString 属性的参数

参 数	说 明
Provider	用于设置或返回连接提供程序的名称，仅用于 OleDbConnection 对象
Connection Timeout 或 Connect Timeout	在终止尝试并产生异常前，等待连接到服务器的连接时间长度（以秒为单位），默认是 15 秒
Initial Catalog 或 database	数据库的名称
Data Source	数据源的名称，连接打开时使用的 SQL Server 名称，或是 Microsoft Access 数据库的文件名
server	SQL Server 服务器的名称
Password	SQL Server 账号的登录密码
User ID	SQL Server 登录账户
Integrated Security 或 Trusted Connection	决定连接是否是安全连接。可能的值有 True、False 和 SSPI
Persist Security Info	设置为 False 时，如果连接是打开的或曾经处于打开状态，那么安全敏感信息(如密码)不会作为连接的一部分返回。如设置为 True，则可能有安全风险。默认值为 False

【例 3-4】数据库连接状态。

【实例说明】设计一个应用程序，用来演示 Connection 对象的使用、连接字符串的设置及连接状态的改变。

【实现过程】

（1）新建一个 Windows 应用程序，项目名称为 Eg3-4。

（2）设计程序界面，如图 3-16 所示，其窗体及控件的属性设置如表 3-21 所示。

图 3-16 连接状态显示界面

表 3-21 属性设置

对象名称	属性名称	属性值
窗体(Form)	Name	FrmConnState
	Text	连接状态
	Size	300, 206

续表

对象名称	属性名称	属性值
标签	Name	lblState
	Text	当前连接状态：
文本框	Name	txtConnState
按钮1	Name	btnOpen
	Text	打开(&O)
按钮2	Name	btnClose
	Text	关闭(&C)
	Enable	False

（3）程序功能实现代码如下：

```csharp
using System.Collections.Generic;
using System.ComponentModel;
using System.Data;
using System.Drawing;
using System.Linq;
using System.Text;
using System.Windows.Forms;
using System.Data.SqlClient;
namespace Eg3_2
{
    public partial class FrmConnState : Form
    {
        public FrmConnState()
        {
            SqlConnection conn = new SqlConnection("server=(local);database=NoteTaking;
                Integrated Security=sspi");
            InitializeComponent();
        }
        private void btnOpen_Click(object sender, EventArgs e)
        {
            conn.Open();
            txtConnState.Text = conn.State.ToString();
            btnOpen.Enabled = false;
            btnClose.Enabled = true;
        }
        private void btnClose_Click(object sender, EventArgs e)
        {
            conn.Close();
            txtConnState.Text = conn.State.ToString();
            btnOpen.Enabled = true;
            btnClose.Enabled =false;
        }
    }
}
```

（4）调试与运行。

 注意

在连接数据库过程中，可能会引发异常。在 .NET Framework 中，可以使用控制结构 Try...Catch...Finally 编写异常处理程序。如果 Try 块中出现错误，则 Catch 块内的代码处理错误。可以根据需要使用多个 Catch 块、Finally 块的代码无条件的执行。

SqlException 类包含 SQL Server 返回警告或错误时引发的异常。当 SQL Server .NET 数据提供程序遇到不能处理的情况时，都将创建该类，可以错误的严重等级来帮助确定异常显示的消息内容。通过捕获 System.Data.SqlClient.SqlException 类来捕获 SqlException，可以查看此对象的 Error 集合发现所出现的错误的详细信息。

每个 SqlError 对象都有下面的公共属性，如表 3-22 所示。

表 3-22 SqlError 属性

属 性	说 明
Class	获取从 SQL Server 返回的错误的严重等级
LineNumber	从包含错误的 Transact-SQL 批处理命令或存储过程中获取行号
Message	获取对错误进行描述的文本
Number	获取一个标识错误类型的数字

常见的 Number 属性错误号如下。
- 17：服务器名称无效。
- 4060：数据库名称无效。
- 18456：用户名或密码无效。

属性 Class 表示访问的严重等级，如表 3-23 所示。

表 3-23 Class 严重等级

严 重 度	说 明	行 为
11-16	由用户生成	可以由用户更正
17-19	软件或硬件错误	可以继续工作，但或许不能执行特定语句，连接仍是打开的
20-25	软件或硬件错误	服务器关闭连接，用户可以重新打开连接

在打开数据库连接时，可能会出现一些异常情况，处理异常的程序代码如下：

```
try
{
    conn.Open();
}
catch (System.Data.SqlClient.SqlException xcp)
{
    foreach (System.Data.SqlClient.SqlError se in xcp.Errors)
    {
```

```
                    MessageBox.Show(se.Message, "SQL 错误等级：" + se.Class, MessageBoxButtons.OK,
                    MessageBoxIcon.Information);
                }
            }
            finally
            {
                conn.Close();
            }
```

3.2.3 使用 Command 数据库命令对象

在应用 ADO.NET 操作数据库时，可以使用命令对象向数据源发出命令，可以对数据库下达查询、新增、修改、删除等数据指令，以及调用存储在数据库中的存储过程等。对于数据库的不同提供者，该对象的名称也不同，例如，用于 SQL Server 的 SqlCommand，用于 ODBC 的 OdbcCommand 和用于 OLE DB 的 OleDbCommand。

SqlCommand 对象表示要对 SQL Server 数据库执行的一个 Transact-SQL 语句或存储过程。当创建 SqlCommand 的实例时，读/写属性将被设置为它们的初始值。

下面是 SqlCommand 类的 4 种构造函数：

```
SqlCommand()
SqlCommand(string cmdText)
SqlCommand(string cmdText, SqlConnection sqlconnection)
SqlCommand(string cmdText, SqlConnection sqlconnection,SqlTransaction transaction)
```

其中，参数 cmdText 是所要执行的 SQL 语句或存储过程的名称。参数 sqlconnection 是 SqlCommand 对象所要使用的连接。参数 transaction 是 SqlCommand 对象所要执行的事务对象。

例如，通过编程方式创建命令。

假设已建立连接对象 conn，要查询"收支类别"表中所有"收支类别名称"数据，用不同的构造函数方法分别创建 SqlCommand 对象。

（1）用第一种构造函数即默认构造函数创建 SqlCommand 对象，然后设置适当的属性。

```
SqlCommand command = new SqlCommand();
command.CommandText = "select 收支类别名称 from 收支类别";
command.Connection = conn;
```

（2）用第二种构造函数即指定查询字符串来创建 SqlCommand 对象，然后设置 Connection 属性。

```
SqlCommand command = new SqlCommand("select 收支类别名称 from 收支类别");
command.Connection = conn;
```

（3）用第三种构造函数即指定查询字符串和 Connection 对象创建 SqlCommand 对象。

```
SqlCommand command = new SqlCommand("select 收支类别名称 from 收支类别",conn);
```

（4）也可以通过连接对象 conn 的 CreateCommand()方法来创建 SqlCommand 对象，然后设置适当属性。

```
SqlCommand command= conn.CreateCommand();
command.CommandText = "select 收支类别名称 from 收支类别";
command.Connection = conn;
```

SqlCommand 类的主要属性如表 3-24 所示。

表 3-24　SqlCommand 常用属性

属性名称	说明
CommandTimeOut	获取或设置在终止执行命令的尝试并生成错误之前的等待时间（以秒为单位），默认值为 30，当值为 0 表示无限期地等待执行命令
CommandText	获取或设置要对数据源执行的 Transact-SQL 语句或存储过程
CommandType	获取或设置一个值，该值指示如何解释 CommandText 属性，有 3 种选择的值：Text、StoreProcedure、TableDirect，分别代表 SQL 语句、存储过程及数据表，默认值为 Text
Connection	获取或设置 SqlCommand 的此实例使用的连接对象
Parameters	获取 SqlParameterCollection，用于设置 SQL 语句或存储过程的参数
Transaction	获取或设置将在其中执行的 SqlCommand 的 SqlTransaction（事务对象）

SqlCommand 特别提供了以下对 SQL Server 数据库执行命令的方法，SqlCommand 对象的常用方法如表 3-25 所示。

表 3-25　SqlCommand 常用方法

方法名称	说明
ExecuteReader	执行返回行的命令。为了提高性能，ExecuteReader 使用 Transact-SQL sp_executesql 系统存储过程调用命令。因此如果 ExecuteReader 用于执行命令，则它可能不会产生预期的效果
ExecuteNonQuery	执行 Transact-SQL INSERT、DELETE、UPDATE 及 SET 语句等命令
ExecuteScalar	从数据库中检索单个值
ExecuteXmlReader	将 CommandText 发送到 Connection 并生成一个 XmlReader 对象

 注意

（1）命令对象是在连接对象之上，也就是 Command 对象是通过连接到数据源的 Connection 对象来下命令的

（2）根据对数据库操作的不同，提供了不同的命令方式

【例 3-5】统计收支种类的数量。

【实例说明】设计一个应用程序，用来查找出 NoteTaking 数据库中有多少种收支种类，可以编写 SQL 语句，使用 COUNT 函数计算出收支种类的数量。

【实现过程】

（1）新建一个 Windows 应用程序，项目名称为 Eg3-5。

(2)设计程序界面,如图 3-17 所示,其窗体及控件的属性设置如表 3-26 所示。

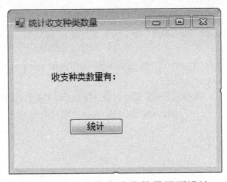

图 3-17 统计收支种类数量界面设计

表 3-26 窗体及控件属性设置

对象名称	属性名称	属性值
窗体(Form)	Name	ScaleValues
	Text	统计收支种类数量
	Size	300, 226
标签	Name	lblCount
	Text	收支种类数量有:
按钮	Name	btnCount
	Text	统计

(3)程序功能实现代码如下:

```csharp
using System.Data;
using System.Drawing;
using System.Linq;
using System.Text;
using System.Windows.Forms;
using System.Data.SqlClient;
namespace Eg3_4
{
    public partial class ScaleValues : Form
    {
        private SqlConnection conn;
        public ScaleValues()
        {
            InitializeComponent();
        }
        private void OpenConnection()
        {
            conn = new SqlConnection("server=(local);database=NoteTaking;Integrated
                Security=sspi");
            try
            {
```

```csharp
            conn.Open();
            return true;
        }
        catch (System.Data.SqlClient.SqlException xcp)
        {
            foreach (System.Data.SqlClient.SqlError se in xcp.Errors)
            {
                MessageBox.Show(se.Message, "SQL 错误等级：" + se.Class,
                    MessageBoxButtons.OK, MessageBoxIcon.Information);
            }
            return;
        }
    }
    private void btnCount_Click(object sender, EventArgs e)
    {
        OpenConnection();
        SqlCommand command = new SqlCommand();
        command.Connection = conn;
        command.CommandType = CommandType.Text;
        command.CommandText ="select COUNT(IncomeExpendTypeName) from
            dbo.IncomeExpendType";
        lblCount.Text += command.ExecuteScalar().ToString();
        conn.Close();
    }
}
```

（4）调试与运行。

3.2.4 使用 DataReader 数据读取对象

DataReader 对象是一个快速、只向前的游标，即可以从数据源中读取仅能前向和只读的数据流（如找到的用户集合）。对于简单地读取数据来说，该对象的性能最好（本章的登录功能就是利用这个对象来实现的）。对于不同的提供者，该对象的名称也不同，例如用于 SQL Server 的 SqlDataReader，用于 ODBC 的 OdbcDataReader 和用于 OLE DB 的 OleDbDataReader。

SqlDataReader 类最常见的用法就是检索 SQL 查询或存储过程返回记录。另外 SqlDataReader 是一个连接的、只向前的和只读的结果集。当使用 SqlDataReader 处理结果集时会保持连接，直到关闭 SqlDataReader 对象。因此一旦处理完结果集后就应当关闭 SqlDataReader 对象。

SqlDataReader 类的重要属性如表 3-27 所示。

表 3-27 SqlDataReader 常用属性

属性名称	说明
Depth	设置阅读器浓度。对于 SqlDataReader 类，它总是返回 0
FieldCount	获取当前行的列数
Item	索引器属性，以原始格式获得一列的值

续表

属性名称	说明
IsClose	获得一个表明数据阅读器有没有关闭的一个值
RecordsAffected	获取执行 SQL 语句所更改、添加或删除的行数
HasRows	如果 SqlDataReader 包含一行或多行，则为 True；否则为 False

SqlDataReader 类的常用方法如表 3-28 所示。

表 3-28　SqlDataReader 常用方法

属性名称	说明
Read	使 DataReader 对象前进到下一条记录（如果有）
Close	关闭 DataReader 对象。关闭阅读器对象并不会自动关闭底层连接
Get	用来读取数据集的当前行的某一列的数据数据
NextResult	当读取批处理 SQL 语句的结果时，使数据读取器前进到下一个结果
GetName:	获取指定列的名称
IsDBNull	获取一个值，该值指示列中是否包含不存在的或缺少的值。如果指定的列值与 DBNull 等效，则为 True；否则为 False
GetValue	获取以本机格式表示的指定列的值

Read 方法可以使 SqlDataReader 前进到下一条记录。

语法：public override bool Read ()

回值：如果存在多个行，则为 True；否则为 False。

使用 DataReader 对象中的 Read()方法用来遍历整个结果集，不需要显式地向前移动指针，或者检查文件的结束，如果没有要读取的记录了，则 Read()方法会自动返回 False。

> **提示**
>
> （1）DataReader 在读取数据的时候是限制的一次一条，而且是只读，所以使用起来不但节省了资源而且效率好。
>
> （2）DataReader 对象不用把数据全部传回，所以降低了网络的负载。

【例 3-6】读取收支种类信息。

【实例说明】创建一个 Windows 应用程序，使用 SqlCommand 对象和 SqlDataReader 对象从随手记系统数据库中读取数据，然后填充到一个 TextBox 控件中。在 TextBox 控件中，显示收支种类信息，包括收支种类名称、类型及备注。

【实现过程】

（1）创建一个 Windows 应用程序，项目名称为 Eg3-6。

（2）设计窗体界面，如图 3-18 所示。

图 3-18　读取收支种类信息

（3）代码实现如下：

```
using System;
using System.Collections.Generic;
using System.ComponentModel;
using System.Data;
using System.Drawing;
using System.Linq;
using System.Text;
using System.Windows.Forms;
using System.Data.SqlClient;
namespace Eg3_5
{
    public partial class FrmReader : Form
    {
        SqlConnection conn;
        public FrmReader()
        {
            InitializeComponent();
        }
        public void OpenSqlConnection()
        {
            string strConn = "Data Source=(local);Initial Catalog=NoteTaking;Integrated
                Security=SSPI;";
            try
            {
                conn = new SqlConnection(strConn);
                conn.Open();
            }
            catch (System.Data.SqlClient.SqlException xcp)
            {
                foreach (System.Data.SqlClient.SqlError se in xcp.Errors)
                {
                    MessageBox.Show(se.Message, "SQL 错误等级" + se.Class,
                        MessageBoxButtons.OK, MessageBoxIcon.Information);
                }
```

```csharp
            return;
        }
    }
    private void btnReader_Click(object sender, EventArgs e)
    {
        txtReader.Text = txtReader.Text + "名称    类型    备注\r\n";
        OpenSqlConnection();
        string strQuery = "select IncomeExpendTypeName,TypeName,Remark from
            dbo.IncomeExpendType;";
        SqlCommand command = new SqlCommand(strQuery, conn);
        SqlDataReader reader = command.ExecuteReader();
        while (reader.Read())
        {
            txtReader.Text = txtReader.Text + reader["IncomeExpendTypeName"] + "    " +
                reader["TypeName"] + "    " + reader["Remark"] + "\r\n";
        }
        reader.Close();
    }
    private void btnExit_Click(object sender, EventArgs e)
    {
        this.Close();
    }
}
```

任务实现

步骤 1 按照任务 1 设计好如图 3-1 所示的登录界面。

步骤 2 在 Login.cs 文件中添加代码。

（1）数据有效性验证代码

为增强应用程序的安全性和提高程序的易用性，要求在用户输入数据时进行相关的有效性验证，具体要求包括：

① 单击"登录"按钮，用户名不能为空，密码不能为空。
② 两次密码输入要一致。
③ 单击"退出"按钮，退出登录。

数据有效性的验证可以在登录按钮的单击事件中完成，也可以在文本框的 Validate 事件中完成。

（2）用户名和密码验证逻辑

当光标离开输入用户名的文本框时，图片框中显示该用户的头像。
登录用户名和密码的验证可以通过数据库进行验证。

```csharp
using System;
using System.Collections.Generic;
using System.ComponentModel;
using System.Data;
using System.Drawing;
using System.Linq;
```

```csharp
using System.Text;
using System.Windows.Forms;
using System.Data.SqlClient;
namespace NoteTaking
{
    public partial class Login : Form
    {
        public Login()
        {
            InitializeComponent();
        }
        string phname = "Default.jpg";
        SqlConnection conn;
        private void Login_Load(object sender, EventArgs e)
        {
            picPhoto.Image = Image.FromFile(Application.StartupPath + "\\image\\" + phname);
        }
        public void OpenSqlConnection()
        {
            string strConn = "Data Source=.;Initial Catalog=NoteTaking;Integrated Security=SSPI;";
            try
            {
                conn = new SqlConnection(strConn);
                conn.Open();
            }
            catch (Exception e)
            {
                MessageBox.Show(e.ToString());
                return;
            }
        }
        private void btnLogin_Click(object sender, EventArgs e)
        {
            if (txtUserName.Text.Equals(""))
            {
                MessageBox.Show("用户名不能为空", "错误提示");
                txtUserName.Focus();
                return;
            }
            if (txtPwd.Text == "")
            {
                MessageBox.Show("密码不能为空", "错误提示");
                txtPwd.Focus();
                return;
            }
            if (CheckUser(txtUserName.Text.Trim(), txtPwd.Text.Trim()))
            {
                MessageBox.Show("用户登录成功", "提示");    //进入程序主界面
            }
            else
            {
```

```csharp
            MessageBox.Show("用户登录失败", "提示");
            txtPwd.Clear();
            txtUserName.Focus();
            txtUserName.SelectAll();
        }
    }
    public void CheckPhoto(string user)
    {
        OpenSqlConnection();
        string strQuery = "select UserPhoto from dbo.UserLogin where UserAccount='" + user +
            "';";
        SqlCommand command = new SqlCommand(strQuery, conn);
        if (command.ExecuteScalar().ToString() != "")
            phname = command.ExecuteScalar().ToString();
        else
            phname = "Default.jpg";
        conn.Close();
    }
    public bool CheckUser(string user, string pass)
    {
        OpenSqlConnection();
        string strQuery = "SELECT UserPwd FROM dbo.UserLogin WHERE UserAccount='"
            + user + "';";
        SqlCommand command = new SqlCommand(strQuery, conn);
        SqlDataReader reader = command.ExecuteReader();
        while (reader.Read())
        {
            if (reader["UserPwd"].Equals(pass))
            {
                conn.Close();
                return true;
            }
        }
        reader.Close();
        conn.Close();
        return false;
    }
    private void txtUsername_Leave(object sender, EventArgs e)
    {
        CheckPhoto(txtUserName.Text);
        picPhoto.Image = Image.FromFile(Application.StartupPath + "\\image\\"+phname);
    }
    private void linklblNewUser_LinkClicked_1(object sender, LinkLabelLinkClickedEventArgs e)
    {
        NewAccount account = new NewAccount();
        account.ShowDialog();
    }
}
```

步骤3 调试与运行程序。

知识拓展

3.2.5 程序调试技术

作为一个程序员，有时程序总会出现一点错误，尤其是规模较大的程序里。如何在最短的时间内找到错误所在并加以改正，是值得每个程序员思考的问题。程序的调试技术可以分为静态调试和动态调试。

静态调试是在程序特定的位置编写额外代码，在不阻碍程序运行的前提下，监控程序运行状态。

动态调试是在程序运行过程中，以中断程序运行的方式，实时检查当前程序上下文参数的值，以判断程序是否正常运行。

.NET 程序调试技术可以使用单步调试，单步调试就是逐条执行程序语句，通过监视变量数值的变化来查看自己的语句是否实现了想要的功能。

具体的程序调试步骤如下：

（1）依次选择"调试"、"切换断点"命令，将当前光标所在行设置断点或取消断点。断点就是让程序执行到此处暂停下来。断点的设置可以让单步调试从无尽的循环中解脱出来，对于一些初始化类的循环，可以在它的后面设置断点直接跳过去。

- ❏ 可以通过快捷键 F9 为当前行设置断点或取消断点。
- ❏ 单击当前号的行号左边的灰色区域可以设置或取消断点。
- ❏ 在当前光标所在位置右击，在弹出的快捷菜单中依次选择"断点"、"插入断点"命令。断点设置后，在该行代码的左边添加了一个标志，可以通过该代码行的右键菜单命令来删除断点。

（2）在监视窗口中可以观察变量值的变化过程。

可以使用组合键 **Ctrl+Alt+W** 调出监视窗口，如图 3-19 所示，然后添加监视的变量，一般只监视核心变量。

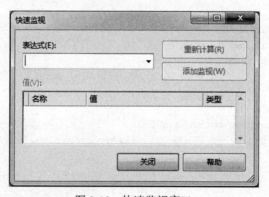

图 3-19 快速监视窗口

Debug 通常称为调试版本，它包含调试信息并且不作任何优化，便于程序员调试程序。程序员在开发过程中通常使用 Debug 版本。Release 称为发布版本，进行了各种优化，使得程序在代码大小和运行速度上都是最优的，以便用户很好地使用。在程序全部开发完成后，发布软件时一般使用 Release 版本。

- 逐语句(F11)
- 逐过程(F10)
- 跳出(Shift+F11)

项目拓展

1. 任务

作为承接随笔记项目的软件公司的程序员，负责开发该系统的登录子模块，请完成：对用户保存在数据库中的密码进行加密。

2. 描述

加密可以保护数据不被查看和修改，并且可以帮助在本不安全的信道上提供安全的通信方式。可以使用加密算法对数据进行加密，在加密状态下传输数据，然后由预定的接收方对数据进行解密。

3. 要求

使用.NET 中 MD5 相关的类来完成 MD5 的加密操作。

项目小结

本项目实现了随笔记系统的登录功能的设计与实现，用户进入登录界面后，输入用户名和密码，单击"确定"按钮，验证用户名和密码的正确性，如果正确将进入主程序，否则弹出错误提示对话框。单击"取消"按钮，退出登录系统。

通过 TextBox 控件、Button 控件、Label 控件等的使用，设计随笔记登录界面。使用 ADO.NET 数据库访问的对象模型，应用 SqlConnection 类创建到指定数据库的连接，应用 SqlCommand 类和 SqlDataReader 类读取数据库中的内容。

习题

1. 说明连接字符串中各项的内容的含义及其组合。
2. 上网搜索 SQL 注入式攻击的相关资料，并讨论防范策略。
3. 尝试在现有的登录功能的基础上使用文件扩展实现"记住密码"的功能。

项目 4 用户管理模块实现

管理系统是面向所有合法的用户,所以每个用户首次使用系统时,可以通过注册功能来获得一个合法的身份。用户还可以根据自己的个性需要更换头像,修改密码。

本项目主要讲述应用各种 Windows 控件完成随笔记系统用户管理模块中的注册、修改密码、更换头像等功能,包括 GroupBox 控件、CheckBox 控件、CheckedListBox 控件、ComboBox 控件、TabControl 控件、ErrorProvider 控件、SqlParameter 对象和存储过程调用等知识。

任务 4.1 用户注册功能实现

学习目标

- 掌握 GroupBox 控件的使用;
- 掌握 ComboBox 控件的使用;
- 掌握 CheckBox 控件和 CheckedListBox 控件的使用;
- 掌握 ErrorProvider 控件的使用;
- 掌握 TabControl 控件的使用;
- 掌握 SqlParameter 对象控件的使用;
- 掌握在访问数据库时调用存储过程的方法。

任务描述

本任务是完成随笔记系统的"用户注册"功能的设计与实现,如图 4-1 所示。用户在注册时,输入用户名和密码,需要做数据有效性验证:用户名不能为空;密码不能为空;用户密码和确认密码要一致。其次在数据库中的用户表进行验证,如用户名已经存在则弹出提示框,否则用户注册成功。

图 4-1 用户注册

技术要点

4.1.1 CheckBox 控件

CheckBox 控件是多选框控件,指定某个特定条件是处于打开状态还是关闭状态,它常用于为用户提供"是/否"或"真/假"选项,可用于多项选择,当选择一项内容时,会在该项前面的选择框中打个对号;如没有选择的项,其选择框中为空白。通常可将多个 CheckBox 控件放到 GroupBox 控件内形成一组,这一组内的 CheckBox 控件可以多选、不选或都选。可用来选择一些可共存的特性,例如一个人的爱好。其常用属性如表 4-1 所示。

表 4-1 CheckBox 控件常用属性

属 性	说 明
Appearance	此属性用于指定 CheckBox 控件的外观,可设为 Button 或 Normal
AutoCheck	单击复选框时自动更改状态
Checked	用于指定复选框是否处于选中状态,如果处于选中状态,则设为 True,否则设为 False
FlatStyle	确定当用户鼠标移到控件上并单击时控件的外观
CheckState	CheckBox 有 3 种状态: Checked、Indeterminate 和 Unchecked。复选框的状态是 Indeterminate 时,控件旁边的复选框通常是灰色的,表示复选框的当前值是无效的,或者无法确定(例如,如果选中标记表示文件的只读状态,且选中了两个文件,则其中一个文件是只读的,另一个文件不是),或者在当前环境下没有意义
ThreeState	用来返回或设置复选框是否能表示 3 种状态,如果属性值为 True 时,表示可以表示 3 种状态,即选中、没选中和中间态(CheckState.Checked、CheckState.Unchecked 和 CheckState.Indeterminate),属性值为 False 时,只能表示两种状态,选中和没选中

CheckedChanged 和 CheckStateChanged 事件也十分有用,这些事件在 CheckState 或 Checked 属性改变时发生。捕获的这些事件可以根据复选框的新状态设置其他值。注意,RadioButton 和 CheckBox 控件都有 CheckChanged 事件,但其结果是不同的。CheckBox 控件常用事件如表 4-2 所示。

表 4-2 CheckBox 控件常用事件

事 件	说 明
CheckedChanged	当复选框的 Checked 属性发生改变时,就引发该事件。注意在复选框中,当 ThreeState 属性为 True 时,单击复选框不会改变 Checked 属性。在复选框从 Checked 变为 indeterminate 状态时,就会出现这种情况
CheckedStateChanged	当 CheckedState 属性改变时,引发该事件。CheckedState 属性的值可以是 Checked 和 Unchecked。只要 Checked 属性改变了,就引发该事件。另外,当状态从 Checked 变为 indeterminate 时,也会引发该事件

4.1.2 GroupBox 控件

GroupBox 控件又称为分组框,分组框(GroupBox)是对控件进行分组的控件,可以设置每个组的标题。分组框控件属于容器控件,一般不对该控件编码,常常用于逻辑地组合一组控件,如 RadioButton 及 CheckBox 控件,显示一个框架,其上有一个标题。

Windows 窗体使用 GroupBox 控件可以创建编程分组(如单选按钮分组),设计时将多个控件作为一个单元移动,对相关窗体元素进行可视化分组以构造一个清晰的用户界面效果。

GroupBox 控件常用的属性只有 Text,使用该属性修改分组框中的标题。

使用 GroupBox 控件创建一组控件的步骤如下:

(1)在窗体上绘制 GroupBox 控件。

(2)向分组框添加其他控件,在分组框内绘制各个控件。

(3)将分组框的 Text 属性设置为适当标题。

(4)位于分组框中的所有控件随着分组框的移动而一起移动,随着分组框的删除而全部删除,分组框的 Visible 属性和 Enabled 属性也会影响到分组框中的所有控件。分组框的最常用的属性是 Text,一般用来给出分组提示。

【例 4-1】选择体育运动。

【实例说明】该程序主要用来演示 CheckBox 控件和 GroupBox 控件的各种属性、事件和方法的使用。程序运行后,通过单击复选框按钮后,显示用户选择的体育运动,如图 4-2 所示。

图 4-2 选择体育运动界面设计

【实现过程】

(1)创建一个 Windows 应用程序,项目名称为 Eg4-1。

(2)界面设计,添加 1 个 GroupBox、2 个按钮、7 个 CheckBox,并设置合适的字体,控件的属性设置如表 4-3 所示。

表 4-3 属性设置

对象名称	属性名称	属性值
窗体(Form)	Name	FrmCheckBox
	Text	选择体育运动
GroupBox	Name	groupBox1
	Text	请选择你喜欢的体育运动:
	ForeColor	HotTrack
按钮 1	Name	btnOpen
	Text	确定
按钮 2	Name	btnCancle
	Text	取消

续表

对象名称	属性名称	属性值
复选框1	Name	chkBBall
	Text	篮球
	ForeColor	ControlText
复选框2	Name	chkVBall
	Text	排球
	ForeColor	ControlText
复选框3	Name	chkPBall
	Text	乒乓球
	ForeColor	ControlText
复选框4	Name	chkBadBall
	Text	羽毛球
	ForeColor	ControlText
复选框5	Name	chkSwimming
	Text	游泳
	ForeColor	ControlText
复选框6	Name	chkTennis
	Text	网球
	ForeColor	ControlText
复选框7	Name	chkSBall
	Text	溜冰
	ForeColor	ControlText

（3）功能实现，为"确定"按钮添加 Click 事件代码。

```
using System;
using System.Collections.Generic;
using System.ComponentModel;
using System.Data;
using System.Drawing;
using System.Linq;
using System.Text;
using System.Windows.Forms;
namespace Eg4_1
{
    public partial class FrmCheckBox : Form
    {
        public FrmCheckBox()
        {
            InitializeComponent();
        }
        private void btnOk_Click(object sender, EventArgs e)
```

```
        {
            string str="你喜欢的体育运动有\r\n";
            if(chkBBall.Checked)      //"篮球"复选框被选择
                str += "篮球\r\n";
            if(chkVBall.Checked)
                str += "排球\r\n";
            if(chkPBall.Checked)
                str += "乒乓球\r\n";
            if(chkBadBall.Checked)
                str += "羽毛球\r\n";
            if(chkSBall.Checked)
                str += "溜冰\r\n";
            if(chkSwimming.Checked)
                str += "游泳\r\n";
            if(chkTennis.Checked)
                str += "网球\r\n";
            MessageBox.Show(str);
        }
```

（4）调试与运行，效果如图 4-3 所示。

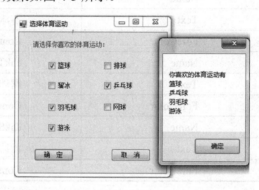

图 4-3　选择体育运动运行效果

4.1.3　CheckedListBox 控件

CheckedListBox 控件扩展了 ListBox 控件，称为复选列表框控件，该控件可以包含多个复选框，几乎能完成列表框可以完成的所有任务，并且还可以在列表中的项旁边显示复选标记。在使用列表框之前必须先添加数据，为此应给 CheckedListBox.ObjectCollection 添加对象。这个集合可以使用列表的 Items 属性访问，由于该集合存储了对象，因此可以把任意有效的.NET 类型添加到列表中，常用属性如表 4-4 所示。

表 4-4　CheckedListBox 控件常用属性

属　性	说　明
Items	描述控件对象中的所有项
MutiColumn	决定是否可以以多列的形式显示各项。在控件对象的指定高度内无法完全显示所有项时可以分为多列，这种情况下若 MutiColumn 属性值为 False，则会在控件对象内出现滚动条

续表

属　性	说　明
ColumnWidth	当控件对象支持多列时，指定各列所占的宽度
CheckOnClick	决定是否在第一次单击某复选框时即改变其状态
SelectionMode	指示复选框列表控件的可选择性。该属性只有两个可用的值 None 和 One，其中 None 值表示复选框列表中的所有选项都处于不可选状态；One 值则表示复选框列表中的所有选项均可选
Sorted	表示控件对象中的各项是否按字母的顺序排序显示
CheckedItems	表示控件对象中选中项的集合，该属性是只读的
CheckedIndices	表示控件对象中选中索引的集合

1. 添加项

在控件显示的列表中添加项，代码如下：

```
checkedListBox1.Items.Add("蓝色");
checkedListBox1.Items.Add("红色");
checkedListBox1.Items.Add("黄色");
```

2. 判断第 i 项是否选中

选中为 true，否则为 false，具体代码如下：

```
if(checkedListBox1.GetItemChecked(i))
{
    return true;
}
else
{
    return false;
}
```

3. 设置第 i 项

设置该项是否选中，代码如下：

```
checkedListBox1.SetItemChecked(i, true);   //true 改为 false 为没有选中
```

4. 设置 CheckedListBox 中第 i 项的 Checked 状态

代码如下：

```
checkedListBox1.SetItemCheckState(i, CheckState.Checked);
```

5. 获取控件中的选定项

当显示 Windows 窗体 CheckedListBox 控件中的数据时，可以使用 GetItemChecked() 方法逐句通过列表来确定选中的项，或者循环访问 CheckedItems 属性中存储的集合。

```
for (int i = 0; i < checkedListBox1.Items.Count; i++)
```

```
{   //如果 checkedListBox1 的第 i 项被选中,则显示 checkedListBox1 对应的值
    string str="";
    if (checkedListBox1.GetItemChecked(i))
    {
        str+= checkedListBox1.Items[i].ToString()+"\r\n";
    }
    MessageBox.Show(str);
}
//使用 CheckedItems 集合获取控件中的选定项
if(checkedListBox1.CheckedItems.Count!=0)
{
    string str="";
    for(int i=0;i< checkedListBox1.CheckedItems.Count;i++)
    {
        str+= checkedListBox1.CheckedItems[i]+"\r\n";
    }
    MessageBox.Show(str);
}
```

【例 4-2】选择体育运动。

【实例说明】该程序主要用来演示 CheckedListBox 控件的各种属性、事件和方法的使用。程序运行后,通过单击复选列表框中的选项后显示用户选择的体育运动,如图 4-4 所示。

图 4-4 选择体育运动界面设计

【实现过程】

(1)创建一个 Windows 应用程序,项目名称为 Eg4-2。

(2)界面设计,添加 1 个 GroupBox、2 个按钮、1 个 CheckedListBox,并设置合适的字体,控件的属性设置如表 4-5 所示。

表 4-5 属性设置

对象名称	属性名称	属性值
窗体(Form)	Name	FrmCheckedListBox
	Text	选择体育运动

续表

对象名称	属性名称	属性值
GroupBox	Name	groupBox1
	Text	请选择你喜欢的体育运动：
	ForeColor	HotTrack
按钮1	Name	btnOpen
	Text	确定
按钮2	Name	btnCancle
	Text	取消
可选列表框	Name	chkListBox
	Items	篮球、乒乓球、溜冰、网球、羽毛球、游泳、排球（每行一个）
	MultiColunm	True

（3）功能实现代码如下：

```
using System.Drawing;
using System.Linq;
using System.Text;
using System.Windows.Forms;
namespace Eg4_2
{
    public partial class FrmCheckedListBox : Form
    {
        public FrmCheckedListBox()
        {
            InitializeComponent();
        }
        private void btnOpen_Click(object sender, EventArgs e)
        {
            string str = "你喜欢的体育运动有:\r\n";
            for (int i = 0; i < chkListBox.CheckedItems.Count; i++)
            //遍历选中的项
            {
                str += chkListBox.CheckedItems[i].ToString() + "\r\n";
            }
            MessageBox.Show(str);
        }
    }
}
```

（4）调试与运行，效果如图4-5所示。

图 4-5　选择体育运动运行效果

4.1.4　ErrorProvider 控件

当用户输入无效数据时，可以使用 Windows 窗体的 ErrorProvider 控件显示一个错误图标。与在消息框中显示错误消息相比，ErrorProvider 控件是更好的选择。如果在消息框中显示错误消息，一旦用户关闭此消息框，错误消息就不再可见。而对于 ErrorProvider 控件，它会在相关控件旁边显示一个错误图标。当用户将鼠标放在该图标上时，会给用户显示错误提示信息。

ErrorProvider 组件常用属性及说明如表 4-6 所示。

表 4-6　ErrorProvider 控件常用属性

属　　性	说　　明	默　认　值
BlinkRate	获取或设置错误图标的闪烁速率（以 ms 为单位）	250ms
BlinkStyle	控制当确定错误后错误图标是否闪烁	BlinkIfDifferentErrorBlinkIfDifferentError
ContainerControl	获取或设置一个值，通过该值指示 ErrorProvider 的父控件	父控件的名称
DataMember	获取或设置数据源中要监视的列表	无
DataSource	获取或设置 ErrorProvider 监视的数据源	无
Icon	获取或设置 Icon，当为控件设置了错误说明字符串时，该图标显示在控件旁边	

其中，ErrorBlinkStyle 值有以下几种取值，如表 4-7 所示。

表 4-7　ErrorBlinkStyle 的取值

成 员 名 称	说　　明
AlwaysBlink	当错误图标第一次显示时，或者当为控件设置了错误描述字符串并且错误图标已经显示时，总是闪烁
BlinkIfDifferentError	图标已经显示并且为控件设置了新的错误字符串时闪烁
NeverBlink	错误图标从不闪烁

ErrorProvider 组件常用的公共方法包括：

（1）SetError 方法

设置指定控件的错误描述字符串。该方法的声明如下：

public void SetError (Control control, string value);

其中，参数 control 表示要为其设置错误描述字符串的控件；参数 value 表示错误描述字符串。

（2）SetIconAlignment 方法

设置错误图标相对于控件的放置位置。该方法的声明如下：

public void SetIconAlignment (Control control, ErrorIconAlignment value);

其中，参数 control 是要为其设置图标位置的控件；参数 value 是一个枚举类型，ErrorIconAlignment 取值的详细情况如表 4-8 所示。

表 4-8　ErrorIconAlignment 的取值

成员名称	说　明
BottomLeft	图标显得与控件的底部和控件的左边对齐
BottomRight	图标显得与控件的底部和控件的右边对齐
MiddleLeft	图标显得与控件的中间和控件的左边对齐
MiddleRight	图标显得与控件的中间和控件的右边对齐
TopLeft	图标显得与控件的顶部和控件的左边对齐
TopRight	图标显得与控件的顶部和控件的右边对齐

（3）SetIconPadding 方法

设置指定控件和错误图标之间应保留的额外空间量。该方法声明如下：

public void SetIconPadding (Control control, int padding);

其中，参数 control 是要为其设置空白的控件；padding 是要在图标与指定控件之间添加的像素数。

很多图标的中心图像周围通常都留有多余的空间，因此只有当需要额外空间时才需要填充值。填充值可以为正，也可以为负。负值将使图标与控件的边缘重叠。

使用 ErrorProvider 控件显示错误图标的步骤：

步骤 1　向窗体上添加要验证的控件。

步骤 2　添加 ErrorProvider 控件。

步骤 3　选择第一个控件，然后向它的 Validating 事件处理程序添加代码。

【例 4-3】信息验证。

【实例说明】下面的实例主要介绍了如何使用 ErrorProvider 组件指示窗体上有关错误信息的编程技术。实例程序执行后，当用户输入的年龄不是整数值时，会弹出一个错误提示框，并在年龄输入控件的右边显示一个红色的警告图标，当鼠标停留在该图标上时，会出现一个工具提示条显示相关提示信息。

【实现过程】

（1）创建一个 Windows 应用程序，项目名称为 Eg4-3。

（2）界面设计，添加 1 个标签、1 个按钮、1 个文本框，1 个 ErrorProvider 控件，并设置合适的字体，控件的属性设置如表 4-9 所示，界面设计如图 4-6 所示。

表 4-9 属性设置

对象名称	属 性 名 称	属 性 值
窗体（Form）	Name	FrmErrorProvider
	Text	ErrorProvider 验证
标签	Name	lblyear
	Text	年龄：
按钮 1	Name	btnSubmit
	Text	提交
文本框	Name	txtyear
ErrorProvider	Name	yearerrorProvider

图 4-6 年龄验证界面设计

（3）功能实现代码如下：

```csharp
using System.ComponentModel;
using System.Data;
using System.Drawing;
using System.Linq;
using System.Text;
using System.Windows.Forms;
namespace Eg4_3
{
    public partial class FrmErrorProvider : Form
    {
        public FrmErrorProvider()
        {
            InitializeComponent();
        }
        private void textBox1_Validating(object sender, CancelEventArgs e)
        {
```

```
                try
                {
                    int age = Int32.Parse(txtyear.Text);
                    yearerrorProvider.SetError(txtyear, "");
                }
                catch
                {
                    yearerrorProvider.SetError(txtyear, "不是
                    整数值!");
                }
            }
        }
```

(4) 调试与运行，效果如图 4-7 所示。

图 4-7　年龄验证运行效果

4.1.5　存储过程调用

传统的调用方法不仅速度慢，而且代码会随着存储过程的增多不断膨胀难以维护。在使用.NET 的过程中，数据库访问是一个很重要的部分，数据库操作几乎成为了一个必不可少的操作。在进行数据库应用程序的开发过程中，经常使用存储过程以提高开发速度，节省开发成本。

相对于直接使用 SQL 语句，在应用程序中直接调用存储过程有以下好处：

1. 减少网络通信量

调用一个行数不多的存储过程与直接调用 SQL 语句的网络通信量可能不会有很大的差别，可是如果存储过程包含上百行 SQL 语句，那么其性能绝对比一条一条地调用 SQL 语句要高得多。

2. 执行速度更快

主要有两个原因：首先在存储过程创建的时候，数据库已经对其进行了一次解析和优化。其次存储过程一旦执行，在内存中就会保留一份这个存储过程，这样下次再执行同样的存储过程时，可以从内存中直接调用。

3. 更强的适应性

由于存储过程对数据库的访问是通过存储过程来进行的，因此数据库开发人员可以在不改动存储过程接口的情况下对数据库进行任何改动，而这些改动不会对应用程序造成影响。

4. 分布式工作

应用程序和数据库的编码工作可以分别独立进行不会相互压制。

由以上的分析可以看到，在应用程序中使用存储过程是很有必要的。.NET 中调用存储过程的一般步骤是：

（1）在 SQL Server 中编写一个存储过程，代码如下：

```
CREATE PROCEDURE ProGetIncomeExpendType
AS
BEGIN
  SELECT  *
  FROM dbo.IncomeExpendType
END
```

（2）在 SqlCommand 对象设置 CommandText 属性为存储过程名，CommandType 为存储过程 CommandType.StoredProcedure。如存储过程有参数，在 SqlCommand 对象的 Parameters 集合中添加所有的存储过程调用需要的参数，指定参数的值。

```
sqlComm.CommandText = "ProGetIncomeExpendType";
    //设置 SqlCommand 对象要调用的存储过程名称
sqlComm.CommandType = CommandType.StoredProcedure;
    //指定 SqlCommand 对象传给数据库的是存储过程的名称而不是 SQL 语句
```

（3）执行 SqlCommand 对象。

4.1.6　SqlParameter 对象

传统的查询语句可能为：

```
string sql=" select UserPwd from dbo.UserLogin where UserAccount=' "+username +"'"
```

使用参数的方法不会出现拼接字符串，可以有效避免 SQL 注入，也不必担心单引号等危险字符带来的威胁。使用 Command 对象的最大好处在于可为 SQL 命令或存储过程传递参数值，从而实现参数化查询。使用参数可以避免非法字符的出现，动态地改变查询条件，并且由于参数是预编译的，因此命令在运行期间能够高效的执行。要在 Command 对象中使用参数，一般先在命令文本或存储过程中指定参数，再将参数添加到 Command 对象的 Parameters 集合中，设置参数值。

SqlParameter 类位于 System.Data.SqlClient 命名空间中，表示 SqlCommand 的参数。具体应用过程中，可以使用 Visual Studio.NET 提供的参数集合编辑器来配置参数，也可以通过编程方式添加和配置参数。

对于存储过程来说，设置参数的语法是在创建存储过程时由数据源决定的。如果要在

Command 对象的 CommandText 属性中指定 SQL 命令所使用的参数，则由.NET 数据提供程序来确定语法要求。不同的数据提供程序使用不同的语法规定。

SqlCommand 使用以 "@" 为首符命名的参数，向 CommandType.Text 的 Command 对象所调用的 SQL 命令或存储过程传递参数，如：

string sql=" select UserPwd from dbo.UserLogin where UserAccount=@username";

而在 ODBC 和 OleDB 数据提供程序，则使用 "?" 作为参数的占位符。

使用正确的语法创建好带参数的 SQL 命令或存储过程后，必须将每个参数添加到 Command 对象的 Parameters 集合中。Parameters 集合提供了一系列方法来进行配置，如表 4-10 所示。

表 4-10 Parameters 集合的方法

方 法	说 明
Add	将参数添加到集合中
Clear	从集合中删除所有的参数即清空参数集合
Insert	将参数插入集合中的指定索引位置
Remove	从集合中删除所指定的参数

在 Command 对象运用参数具体骤如下：

（1）创建新的 SqlParameter 对象

配置对象的属性，常用属性如表 4-11 所示。

表 4-11 SqlParameter 对象的常用属性

属 性	说 明
ParametersName	SQL 命令或存储过程中的参数名
SqlDbType	参数的数据类型。设置 SqlParameter 对象的数据类型的方法是在 SqlDbType 枚举中选择一个赋值
Value	对于只输入参数或双向参数而言，在运行该命令之前要设置 Value 属性 对于只输出参数、双向参数和存储过程的返回值而言，在运行该命令之后可以检索 Value 属性
Size	指示参数的大小，如字符串参数中的字符个数。但已知且具有固定大小的数据类型（如 SqlDbType.Int32）不用指定其大小
Direction	指示该参数是只输入参数、只输出参数、双向参数或存储过程的返回值 属性值设置为 ParameterDirection 枚举中之一： ParameterDirection.Input 指示参数是只输入参数 ParameterDirection.Output 指示参数是只输出参数 ParameterDirection.InputOutput 指示参数是输入参数或输出参数 ParameterDirection.ReturnValue 指示参数是存储过程的返回值

调用 Command 对象的 Parameters 集合的 Add( )方法将参数添加到 Command 对象。

(2) 设置 Parameters 的值

在设置好 Parameters 集合、执行 Command 之前,必须为每一个 Parameters 设置其值。使用 Value()方法设置参数值。如果调用有返回值的存储过程,那么必须先加入一个 ParameterDirection.ReturnValue 类型的参数,然后再添加其他参数。其他参数的设置顺序是无关紧要的。

在设计数据库应用程序时,通过数据命令传送到数据库执行的 SQL 语句经常会包含参数。例如,在 SQL 语句中,Where 子句使用参数动态筛选所需的数据记录。

1. 使用包含参数的数据命令执行数据筛选操作

【例 4-4】 参数化数据查询。

【实例说明】该程序主要用来演示使用包含参数的数据命令执行数据筛选操作。程序运行后,输入用户名查询出该用户的日常收支信息,并在文本框上显示。

【实现过程】

(1) 创建一个 Windows 应用程序,项目名称为 Eg4-4。

(2) 界面设计,添加 1 个标签、1 个按钮、2 个文本框,并设置合适的字体,控件的属性设置如表 4-12 所示,界面设计如图 4-8 所示。

表 4-12 属性设置

对象名称	属性名称	属性值
窗体(Form)	Name	FrmInExp
	Text	日常收支信息查询
	Size	498, 319
标签	Name	lblAccount
	Text	用户名:
文本框 1	Name	txtAccount
按钮	Name	btnSelect
	Text	查询
文本框 2	Name	txtInExp
	Size	462, 222
	MultiLine	true

图 4-8 日常收支信息查询界面设计

（3）程序功能实现代码如下：

```csharp
using System;
using System.Collections.Generic;
using System.ComponentModel;
using System.Data;
using System.Drawing;
using System.Linq;
using System.Text;
using System.Windows.Forms;
using System.Data.SqlClient;
namespace Eg4_6
{
    public partial class FrmInExp : Form
    {
        public FrmInExp()
        {
            InitializeComponent();
        }
        private void FrmInExp_Load(object sender, EventArgs e)
        {
            txtInExp.Text += "记账 ID      收支种类名称      收支类别           收支金额           收支日期" + "\r\n";
        }
        private void btnSelect_Click(object sender, EventArgs e)
        {
            string strConnection = "server=(local);Initial Catalog=NoteTaking;Integrated 
                Security=sspi;Connect Timeout=30";
            using (SqlConnection conn = new SqlConnection(strConnection))
            {
                conn.Open();
                using (SqlCommand sqlComm = conn.CreateCommand())
                {
                    sqlComm.CommandType = CommandType.Text;
                    SqlParameter username = sqlComm.Parameters.Add(new 
                        SqlParameter("@username", SqlDbType.VarChar, 20));
                    //指明"@username"是输入参数
                    username.Direction = ParameterDirection.Input;
                    //为"@username"参数赋值
                    username.Value = txtAccount.Text;
                    string sqlstr = "select 
IncomeExpendDetID,IncomeExpendTypeName,TypeName,AccountMoney,IEDatetime from 
dbo.IncomeExpendDet as a,dbo.IncomeExpendType as b,dbo.UserLogin as c where 
a.IncomeExpendTypeId=b.IncomeExpendTypeId   and a.UserLoginID =c.UserLoginID    and 
c.UserAccount =@username";     //带参数的 SQL 语句
                    sqlComm.CommandText = sqlstr;
                    SqlDataReader dr = sqlComm.ExecuteReader();
                    while (dr.Read())
                    {
                        for(int col=0;col<5;col++)
                        txtInExp.Text += string.Format("{0,-12}", dr[col].ToString());
```

```
                    //表示第一个参数 str 字符串的宽度为 12,左对齐
                            txtInExp.Text += "\r\n";
                    }
                    dr.Close();
                }
            }
        }
    }
```

(4) 调试与运行,效果如图 4-9 所示。

图 4-9 日常收支信息查询运行效果

2. 数据命令使用包含参数的存储过程执行筛选操作

存储过程可以拥有输入参数、输出参数和返回值。存储过程的"输入参数"用来接收传递给存储过程中的数据值,"输出参数"用来将数据值返回给调用程序。在存储过程中可以使用 Return 命令返回一个状态值给调用程序表示它成功或失败。

【例 4-5】用包含参数的数据命令执行数据筛选操作。

【实例说明】该程序主要用来演示使用包含参数的数据命令执行数据筛选操作。程序运行后,输入用户名查询出该用户的日常收支信息,并在文本框上显示。

(1) 在 SQL Server 数据库创建存储过程。

```
CREATE PROCEDURE ProGetInExpInfo
    @username varchar(20)
AS
BEGIN
    SELECT IncomeExpendDetID,IncomeExpendTypeName,TypeName,
    AccountMoney,IEDatetime
    FROM dbo.IncomeExpendDet as a,dbo.IncomeExpendType as b,
    dbo.UserLogin as c
    WHERE a.IncomeExpendTypeId=b.IncomeExpendTypeId
        and a.UserLoginID =c.UserLoginID
        and c.UserAccount =@username
END
```

（2）程序实现代码如下：

```csharp
using System;
using System.Collections.Generic;
using System.ComponentModel;
using System.Data;
using System.Drawing;
using System.Linq;
using System.Text;
using System.Windows.Forms;
using System.Data.SqlClient;
namespace Eg4_7
{
    public partial class FrmInExp : Form
    {
        public FrmInExp()
        {
            InitializeComponent();
        }
        private void FrmInExp_Load(object sender, EventArgs e)
        {
            txtInExp.Text += "记账 ID        收支种类名称      收支类别           收支金额      收支日期" + "\r\n";
        }
        private void btnSelect_Click(object sender, EventArgs e)
        {
            string strConnection = "server=(local);Initial Catalog=NoteTaking;Integrated
                Security=sspi;Connect Timeout=30";
            using (SqlConnection conn = new SqlConnection(strConnection))
            {
                conn.Open();
                using (SqlCommand sqlComm = conn.CreateCommand())
                {
                    ////设置要调用的存储过程的名称
                    sqlComm.CommandText = "ProGetInExpInfo";
                    //指定 SqlCommand 对象传给数据库的是存储过程的名称而不是 sql 语句
                    sqlComm.CommandType = CommandType.StoredProcedure;
                    SqlParameter username = sqlComm.Parameters.Add(new
                        SqlParameter("@username", SqlDbType.VarChar, 20));
                    // //指明"@username"是输入参数
                    username.Direction = ParameterDirection.Input;
                    ///为"@username"参数赋值
                    username.Value = txtAccount.Text;
                    SqlDataReader dr = sqlComm.ExecuteReader();
                    while (dr.Read())
                    {
                        for (int col = 0; col < 5; col++)
                            txtInExp.Text += string.Format("{0,-12}", dr[col].ToString());
                        txtInExp.Text += "\r\n";
                    }
```

```
                    dr.Close();
                }
            }
        }
    }
}
```

任务实现

步骤1　在项目 NoteTaking 中添加窗体，命名为 NewAccount。

步骤2　在窗体中添加控件并设置其属性，用户注册功能的界面设计如图 4-1 所示，窗体及属性设计如表 4-13 所示。

表 4-13　属性设置

对象名称	属性名称	属性值
窗体（Form）	Name	FrmNewAccount
	Text	新建用户
	Size	400, 320
标签（Label）1	Name	lblusername
	Text	账户名称：
文本框（TextBox）1	Name	txtUserName
标签（Label）2	Name	lblpwd1
	Text	账户密码：
文本框（TextBox）2	Name	txtPwd1
标签（Label）3	Name	lblpwd2
	Text	账户密码：
文本框（TextBox）3	Name	txtPwd2
按钮（Button1）	Name	BtnOK
	Text	确定
按钮（Button）2	Name	BtnCancle
	Text	取消
图片框（Picture）1	Name	picbk
	Size	400, 80
	Image	选择图像 bk.jpg
图片框（Picture）2	Name	picPhoto
	Size	120, 120
	Image	选择图像 Default.jpg
复选框（CheckBox）1	Name	chkPhoto
	Text	是否更换头像

步骤3　功能实现，程序代码如下：

（1）在 SQL Server 数据库创建存储过程。

```sql
CREATE PROCEDURE ProInsertUser
    @username varchar(20),
    @password varchar(20) ,
    @userphoto varchar(50)
AS
BEGIN
    insert into dbo.UserLogin(UserAccount,UserPwd,UserPhoto)
      values(@username,@password,@userphoto)
END
```

（2）在 NewAccount.cs 添加代码并进行用户名验证，不能添加已存在的用户名。

窗体间的传值的方法有：

通过构造函数，传值是单向的（不可以互相传值），实现简单，在窗体 Form2 中添加如下代码：

```csharp
    string value;
    public Form2 (string value)
    {
    InitializeComponent();
    this.value = value;
    }
```

在窗体 Form1 中这样调用：

```csharp
    new Form2("222").Show();    //这样就把"222"这个值传送给了 Form2
```

（3）通过静态变量，传值是双向的，实现比较简单，代码如下：

在窗体 Form1 中定义一个静态成员 value，在窗体 Form2 中调用 Form1.value。

```csharp
using System;
using System.Collections.Generic;
using System.ComponentModel;
using System.Data;
using System.Drawing;
using System.Linq;
using System.Text;
using System.Windows.Forms;
using System.Data.SqlClient;
namespace NoteTaking
{
    public partial class NewAccount : Form
    {
        public NewAccount()
        {
            InitializeComponent();
         string phname = "Default.jpg";
         private int a = 0, b = 0, c = 0;
         private void txtUserName_Validating(object sender, CancelEventArgs e)
```

```csharp
{
    if (txtUserName.Text.Equals(""))
    {
        errorProvider1.SetError(txtUserName, "用户名不能为空");
    }
    else if (CheckUserName(txtUserName.Text))
    {
        errorProvider1.SetError(txtUserName, "用户名已存在");
    }
    else
    {
        errorProvider1.SetError(txtUserName, "");
        a = 1;
    }
}
private void txtPwd1_Validating(object sender, CancelEventArgs e)
{
    if (txtPwd1.Text.Equals(""))
    {
        errorProvider1.SetError(txtPwd1, "密码不能为空");
        return;
    }
    else
    {
        errorProvider1.SetError(txtPwd1, "");
        b = 1;
    }
}
private void txtPwd2_Validating(object sender, CancelEventArgs e)
{
    if (txtPwd2.Text.Equals(""))
    {
        errorProvider1.SetError(txtPwd2, "确认密码不能为空");
    }
    else if (txtPwd1.Text != "" && txtPwd2.Text != "" && txtPwd1.Text != txtPwd2.Text)
    {
        errorProvider1.SetError(txtPwd2, "两次密码不一致");
    }
    else
    {
        errorProvider1.SetError(txtPwd2, "");
        c = 1;
    }
}
private void NewAccount_Load(object sender, EventArgs e)
{
    Photepic.Image = Image.FromFile(Application.StartupPath + "\\image\\"+phname);
}
private void CancleBtn_Click(object sender, EventArgs e)
{
```

```csharp
            this.Close();
        }
        private bool CheckUserName(string UName)
        {
            string strConnection = "server=(local);Initial Catalog=NoteTaking;Integrated
                Security=sspi;";
            using (SqlConnection conn = new SqlConnection(strConnection))
            {
                conn.Open();
                using (SqlCommand sqlComm = conn.CreateCommand())
                {
                    sqlComm.CommandType = CommandType.Text;
                    SqlParameter username = sqlComm.Parameters.Add(new
                        SqlParameter("@username", SqlDbType.VarChar, 20));
                    //指明@username 是输入参数
                    username.Direction = ParameterDirection.Input;
                    //为@username 参数赋值
                    username.Value = UName;
                    string sqlstr = "select * from dbo.UserLogin where
                        UserAccount=@username";//带参数的 SQL 语句
                    sqlComm.CommandText = sqlstr;
                    SqlDataReader dr = sqlComm.ExecuteReader();
                    if (dr.HasRows)
                    {
                        dr.Close();
                        return true;
                    }
                    else
                    {
                        dr.Close();
                        return false;
                    }
                }
            }
        }
        private void OKBtn_Click(object sender, EventArgs e)
        {
            if (a + b + c == 3)
            {
                string strConnection = "server=(local);Initial Catalog=NoteTaking;Integrated
                    Security=sspi;Connect Timeout=30";
                using (SqlConnection conn = new SqlConnection(strConnection))
                {
                    conn.Open();
                    using (SqlCommand sqlComm = conn.CreateCommand())
                    {
                        //设置要调用的存储过程的名称
                        sqlComm.CommandText = "ProInsertUser";
                        //指定 SqlCommand 对象传给数据库的是存储过程的名称而不是 sql 语句
                        sqlComm.CommandType = CommandType.StoredProcedure;
                        SqlParameter username = sqlComm.Parameters.Add(new
```

```csharp
                SqlParameter("@username", SqlDbType.VarChar, 20));
            //指明@username 是输入参数
            username.Direction = ParameterDirection.Input;
            //为@username 参数赋值
            username.Value = txtUserName.Text;
            sqlComm.Parameters.Add(new SqlParameter("@password",
                SqlDbType.VarChar, 20)).Value = txtPwd2.Text;
            sqlComm.Parameters.Add(new SqlParameter("@userphoto",
                SqlDbType.VarChar, 50)).Value = phname;
            if (sqlComm.ExecuteNonQuery() == 1)
            {
                MessageBox.Show("用户注册成功!");
                this.Close();
            }
            else
            {
                MessageBox.Show("用户注册失败!");
                this.Close();
            }
        }
    }
}
private void chkPhoto_CheckedChanged(object sender, EventArgs e)
{
    if (chkPhoto.Checked)
    {
        ChangePhoto newfrm = new ChangePhoto();
        ChangePhoto.photoname = "";
        newfrm.ShowDialog();
        if(ChangePhoto.photoname!="")
            phname =ChangePhoto.photoname ;
    }
    Photepic.Image = Image.FromFile( Application.StartupPath + "\\image\\" +phname);
    chkPhoto.Checked = false;
}
```

步骤 4 调试与运行程序。

任务 4.2　用户头像更换功能实现

学习目标

- 掌握 ComboBox 控件的使用；
- 掌握 TabControl 控件的使用；
- 掌握在访问数据库时调用存储过程的方法。

任务描述

用户注册后,可以通过"更换头像"进行个性化的设置。用户可以从推荐的经典头像中选择其中的某一个头像作为自己的新头像,也可以自定义头像,支持用户上传本地头像。单击"确定"按钮将成功更换头像。

技术要点

4.2.1 ComboBox 组合框控件

组合框控件 ComboBox 用于在下拉组合框中显示数据。该控件主要由两部分组成:一个文本框和一个列表。文本框用来显示当前选中的条目,单击文本框旁边带有向下箭头的按钮,则会弹出列表框,可以使用键盘或鼠标在列表框中选择条目。如果文本框可编辑,则可以直接输入条目;组合框控件 ComboBox 常用属性如表 4-14 所示。

表 4-14 ComboBox 常用属性

属　性	说　明
AutoCompleteMode	获取或设置控制自动完成如何作用于 ComboBox 的选项
AutoCompleteSource	获取或设置一个值,该值指定用于自动完成的完整字符串源
DataSource	获取或设置此 ComboBox 的数据源
FlatStyle	获取或设置 ComboBox 的外观
DisplayMember	获取或设置要为此 ComboBox 显示的字段
DropDownStyle	获取或设置指定组合框的样式的值
FlatStyle	获取或设置 ComboBox 的外观
Items	获取一个对象,该对象表示该 ComboBox 中所包含项的集合
MaxDropDownItems	获取或设置要在 ComboBox 的下拉部分中显示的最大项数
SelectedIndex	获取或设置指定当前项的索引
SelectedItem	获取或设置 ComboBox 中当前选定的项
SelectedText	获取或设置 ComboBox 的可编辑部分中选定的文本
SelectedValue	获取或设置由 ValueMember 属性指定的成员属性的值
SelectionLength	获取或设置组合框可编辑部分中选定的字符数
SelectionStart	获取或设置组合框中选定文本的起始索引
Sorted	获取或设置组合框中的条目是否以字母顺序排序,默认值为 false,不允许
ValueMember	获取或设置一个属性,该属性将用作 ListControl 中的项的实际值

其中,DropDownStyle 属性值有:

- ❏ DropDown:文本部分可编辑。用户必须单击箭头按钮来显示列表部分。这是默认样式。
- ❏ DropDownList:用户不能直接编辑文本部分。用户必须单击箭头按钮来显示列表部分。

- Simple：文本部分可编辑。列表部分总可见。

下面介绍组合框控件 ComboBox 的常见用法。

1. 向组合框控件 ComboBox 添加列表项

可以通过两种方式向组合框控件 ComboBox 添加列表项，在设计时使用 Items 属性添加项；在程序运行时可以使用 Add()、Insert()方法向 ComboBox 控件中添加项。

```
comboBox1.Items.Add("工资");
comboBox1.Items.Insert(0, "奖金");
//0 是索引号
```

一次添加多个选项时还可以用 AddRange()方法添加。

```
comboBox1.Items.AddRange(new string[] {"工资","奖金","其他"});
```

2. 获取或设置组合框控件 ComboBox 的列表项

下拉组合框控件 ComboBox 的 SelectedIndex 属性返回一个整数值，该值表示被选择项的索引。如果未选择任何项，SelectedIndex 属性值为-1，如选择第一项，则 SelectedIndex 属性值为 0。SelectedItem 属性与 SelectedIndex 类似，但它返回项本身，通常是一个字符串值。Count 属性反映列表的项数，比 SelectedIndex 的最大可能值大 1。

【例 4-6】ComboBox 控件的使用。

【实例说明】将收支类别信息添加到 ComboBox 组合框中，并设置第一项被选中，当单击确定按钮时，将 ComboBox 控件所选择的内容显示到消息框中。

【实现过程】

（1）创建一个 Windows 应用程序，项目名称为 Eg4-6。

（2）界面设计，添加 1 个标签、1 个按钮、1 个组合框，并设置合适的字体，控件的属性设置如表 4-15 所示，界面设计如图 4-10 所示。

表 4-15 属性设置

对 象 名 称	属 性 名 称	属 性 值
窗体（Form）	Name	FrmcomboBox
	Text	ComboBox 的使用
	Size	336, 161
标签 1	Name	lbltype
	Text	收支类型：
按钮	Name	btnOK
	Text	确定

图 4-10 ComboBox 使用界面设计

（3）程序功能实现代码如下：

```
using System;
using System.Collections.Generic;
using System.ComponentModel;
using System.Data;
using System.Drawing;
using System.Linq;
using System.Text;
using System.Windows.Forms;
namespace Eg4_4
{
    public partial class FrmcomboBox : Form
    {
        public FrmcomboBox()
        {
            InitializeComponent();
        }
        private void FrmcomboBox_Load(object sender, EventArgs e)
        {
            cmbInExpType.Items.Add("收入");    //添加选项
            cmbInExpType.Items.Add("支出");    //添加选项
            cmbInExpType.SelectedIndex = 0;    //
        }
        private void btnOK_Click(object sender, EventArgs e)
        {
            string Type = cmbInExpType.SelectedItem.ToString();
            MessageBox.Show ( "你选择的收支类别为：" + Type);
        }
    }
}
```

（4）调试与运行，结果如图 4-11 所示。

图 4-11 设置和获取 Combox 的值

3. 组合框控件 ComboBox 自动提示相似项值

在很多时候，WinForm 也需要像 WebForm 那样输入部分内容时，会自动显示相关或相似的更多内容，百度与谷歌都使用这样的方法，这样方便很多用户使用设计的系统。在 WinForm 设计中，需要使用 AutoCompleteCustomSource、AutoCompleteMode、AutoCompleteSource 属性来实现此功能。

AutoCompleteMode 有 Append、None、Suggest、SuggestAppend 这 4 种属性：
- Append：把第一个相似的项追加到你输入字符的后面。
- None：不做任何提示。
- Suggest：把相似的项用列表的方法显示在下面。
- SuggestAppend：把第一个相似的项加到输入字符的后面并在下面用列表显示所有相似的项，AutoCompleteCustomSource属性的使用是可选的，但必须将AutoCompleteSource 属性设置为CustomSource后才能使用AutoCompleteCustomSource。

AutoCompleteMode 和 AutoCompleteSource 属性必须一起使用。

在例 4-6 中输入收支类别信息时自动提示相似项值。在窗体加载 FrmcomboBox_Load 中添加代码：

```
cmbInExpType.AutoCompleteMode = AutoCompleteMode.SuggestAppend;
cmbInExpType.AutoCompleteSource = AutoCompleteSource.ListItems;
```

程序运行结果如图 4-12 所示。

图 4-12　Combox 自动提示功能

4. 组合框控件 ComboBox 的 SelectedIndexChanged 事件

当控件的数据源或者是被选择的项发生变化后会引发 SelectedIndexChanged 事件。

【例 4-7】简易图片显示器。

【实例说明】该程序主要用来演示 ComboBox 控件和 PictureBox 控件的各种属性、事件和方法的使用。程序运行后，将通过选择列表框中不同的图片名称，在图片框中显示不同的图像，这些图像保存在该例的目录下。

【实现过程】

（1）创建一个 Windows 应用程序，项目名称为 Eg4-7。

（2）界面设计，添加 1 个标签、1 个按钮、1 个组合框，并设置合适的字体，控件的属性设置如表 4-16 所示，界面设计如图 4-13 所示。

项目 4 用户管理模块实现

表 4-16 属性设置

对象名称	属性名称	属性值
窗体（Form）	Name	FrmPic
	Text	简易图片显示器
	Size	420, 361
标签 1	Name	lblpic
	Text	请选择显示的图片：
组合框	Name	cbopicture
图片框	Size	395, 262

图 4-13 简易图片显示器

（3）程序功能实现代码如下：

```csharp
using System;
using System.Collections.Generic;
using System.ComponentModel;
using System.Data;
using System.Drawing;
using System.Linq;
using System.Text;
using System.Windows.Forms;

namespace Eg4_5
{
    public partial class FrmPic : Form
    {
        public FrmPic()
        {
            InitializeComponent();
        }
        private void FrmPic_Load(object sender, EventArgs e)
        {
            cbopicture.Items.AddRange(new string[] { "蓝色的山", "冬天", "荷花", "日落" });
            cbopicture.SelectedIndex = 0;
        }
        private void cbopicture_SelectedIndexChanged(object sender, EventArgs e)
```

```
            {
                pictureBox1.SizeMode = PictureBoxSizeMode.StretchImage;
                //设置为拉伸模式
                switch (cbopicture.SelectedIndex) //根据选中项的索引来显示图片
                {
                    case 0:
                        pictureBox1.Image = Image.FromFile(Application.StartupPath + "\\Blue hills.jpg");
                        //获取当前程序可执行文件的路径信息
                        break;
                    case 1:
                        pictureBox1.Image = Image.FromFile(Application.StartupPath + "\\Winter.jpg");
                        break;
                    case 2:
                        pictureBox1.Image = Image.FromFile(Application.StartupPath + "\\Water lilies.jpg");
                        break;
                    case 3:
                        pictureBox1.Image = Image.FromFile(Application.StartupPath + "\\Sunset.jpg");
                        break;
                }
            }
        }
    }
```

（4）调试与运行，结果如图 4-14 所示。

图 4-14　简易图片显示器

4.2.2　TabControl 控件

TabControl 控件是用于显示页面的标签页的容器，是分页显示的选项卡控件，用来达到卡式选择的效果。在工具箱中双击 TabControl 时，就会显示一个已添加了两个 TabPage 的控件。把鼠标移动到该控件的上面，在控件的右上角就会出现一个带三角形的小按钮。单击这个按钮，就会打开一个小窗口，即 Actions 窗口，用于访问选中控件的属性和方法。如果要改变标签的操作方式或样式，就应使用 TabPages 对话框，在选择 Properties 面板上的 TabPages 时，可以通过按钮访问该对话框。TabPages 属性也是用于访问 TabControl 控件上各个页面的集合。

添加了需要的 TabPages 后，就可以给页面添加控件了，其方式与前面的 GroupBox 相同。下面是 TabControl 控件常用的属性。

1. TabPages 属性

该属性是一个集合，所有分页添加删除都是在这个集合内操作。

需注意的是：向窗体上添加 TabControl 控件，向 TabControl 上添加 TabPage 对象（就是每个单个的选项卡），然后再向每个 TabPage 上添加其他控件，其实是把 TabControl 的对象添加到了 this.Controls 集合内，而以后的 TabPage 和其上的控件是不直接添加到 this.Controls 集合内的，有个分级从属的关系。

2. SelectedIndex 属性

表示当前选中的选项卡分页的索引。

3. SelectedIndexChanged 事件

每当选中的选项卡的索引发生变化时触发此事件。

【例 4-8】TabControl 使用。

【实例说明】该程序主要用来演示 TabControl 控件的各种属性、事件和方法的使用。程序运行后，通过按钮可以添加和删除选项卡，运行结果如图 4-15 所示。

【实现过程】

（1）创建一个 Windows 应用程序，项目名称为 Eg4-8。

（2）界面设计，添加 1 个标签，1 个按钮，2 个文本框，并设置合适的字体，控件的属性设置见表 4-17 所示，界面设计如图 4-15 所示。

表 4-17 属性设置

对 象 名 称	属 性 名 称	属 性 值
窗体（Form）	Name	FrmTabControl
	Text	选项卡的使用
标签	Name	lblpagename
	Text	新选项卡名:
文本框 1	Name	txtpagename
按钮 1	Name	BtnAdd
	Text	添加
按钮 2	Name	btnDelete
	Text	删除
选项卡	Name	tabControl1
组	Name	groupBox1
	Text	添加删除选项卡
	ForeColor	HotTrack

图 4-15 选项卡使用的界面设计

（3）程序功能实现代码如下：

```csharp
using System;
using System.Collections.Generic;
using System.ComponentModel;
using System.Data;
using System.Drawing;
using System.Linq;
using System.Text;
using System.Windows.Forms;
namespace Eg4_8
{
    public partial class FrmTabControl : Form
    {
        public FrmTabControl()
        {
            InitializeComponent();
        }
        private void BtnAdd_Click(object sender, EventArgs e)
        {
            string tabpagename = txtpagename.Text;
            // 如果 textBox 里面没有输入，则发出一个警告
            if (tabpagename == "")
            {
                MessageBox.Show("请输入选项卡名称");
            }
            else
            {
                //新建一个 Tabpage 类的实例
                TabPage newtabpage = new TabPage(tabpagename);
                //添加一个新的选项卡
                tabControl1.TabPages.Add(newtabpage);
            }
            txtpagename.Text = "";
        }
        private void btnDelete_Click(object sender, EventArgs e)
```

```
            {
                //删除当前的选项卡
                tabControl1.TabPages.Remove(tabControl1.SelectedTab);
            }
        }
    }
```

(4) 调试与运行，效果如图 4-16 所示。

图 4-16 选项卡使用的运行效果

任务实现

步骤 1 在项目 NoteTaking 中添加窗体，命名为 ChangePhoto。

步骤 2 在窗体中添加控件并设置其属性，用户注册功能的界面设计如图 4-17 所示，窗体及属性设计如表 4-18 所示。

图 4-17 更换头像窗体界面设计

表 4-18 属性设置

对象名称	属性名称	属性值
窗体（Form）	Name	FrmChangePhoto
	Text	更换头像
	Size	540, 400
选项卡（TabControl）1	Name	tabControl1
	Size	530, 320

续表

对象名称	属性名称	属性值
选项页（TabPage）1	Name	tabPage1
	Text	自定义头像
选项页（TabPage）2	Name	tabPage1
	Text	经典头像
标签（Label）1	Text	可以选择一张本地照片来制作头像!
标签（Label）2	Text	头像预览
按钮（Button）1	Name	btnConfirm
	Text	确定
按钮（Button）2	Name	BtnCancle
	Text	取消
按钮（Button）3	Name	btnPhoto
	Text	本地照片
图片框（Picture）1	Name	picbk
	Size	525, 90
	Image	选择图像 bk.jpg
图片框（Picture）2	Name	picPhoto
	Size	150, 150
	Image	选择图像 Default.jpg
组（GroupBox）1	Size	510, 270
	Text	经典头像推荐

步骤3 在 ChangePhoto.cs 文件中添加代码。

```csharp
using System;
using System.Collections.Generic;
using System.ComponentModel;
using System.Data;
using System.Drawing;
using System.Linq;
using System.Text;
using System.Windows.Forms;
using System.IO;
using System.Collections;
namespace NoteTaking
{
    public partial class ChangePhoto : Form
    {
        public ChangePhoto()
        {
            InitializeComponent();
```

}
public static string photoname="";
public string phname= "Default.jpg";
PictureBox p;   //在 Groupbox1 中添加 PictureBox 的引用
List<PictureBox> list = new List<PictureBox>();
private void tabControl1_Selecting(object sender, TabControlCancelEventArgs e)
{
    string pa = Application.StartupPath + "\\image\\";
    if (tabControl1.SelectedTab == tabPage2)
    {
        int top=0;
        int left=0;
        for (int i = 1; i <= 35; i++)
        {
            if ((i-1)%10==0)
            {
                top = i/10*50+30;
                left = 10;
            }
            p = new PictureBox();
            list.Add(p);
            p.Click += new EventHandler(pictureBox1_Click);
            p.Name = i.ToString();
            p.Width = 40;
            p.Height = 40;
            groupBox1.Controls.Add(p);
            p.SizeMode = PictureBoxSizeMode.StretchImage;
            p.Image = Image.FromFile(pa + i.ToString() + ".jpg");
            p.Visible = true;
            p.Left = left;
            p.Top = top;
            left += 50;
        }
    }
}
private void pictureBox1_Click(object sender, EventArgs e)
{
    //先清空之前被选中的选中框
    for (int i = 0; i < 35; i++)
    {
        Graphics pics = list[i].CreateGraphics();
        Pen pens = new Pen(Color.White, 4);
        pics.DrawRectangle(pens, list[i].ClientRectangle.X,
        list[i].ClientRectangle.Y,list[i].ClientRectangle.X + list[i].ClientRectangle.Width,
            ist[i].ClientRectangle.Y + list[i].ClientRectangle.Height);
    }
    PictureBox pic = (PictureBox)sender;
    Graphics pictureborder = pic.CreateGraphics();
    Pen pen = new Pen(Color.Cyan, 4);
    pictureborder.DrawRectangle(pen, pic.ClientRectangle.X,
        pic.ClientRectangle.Y,pic.ClientRectangle.X + pic.ClientRectangle.Width,

```
                    pic.ClientRectangle.Y + pic.ClientRectangle.Height);
                int    row=(Convert.ToInt32 (pic.Top)-30)/50;
                int col=(Convert.ToInt32 (pic.Left)-10)/50;
                phname = (row * 10 + col + 1).ToString() + ".jpg";
    }
    private void btnConfirm_Click(object sender, EventArgs e)
    {
            photoname = phname;
            this.Close();
    }
    private void button2_Click(object sender, EventArgs e)
    {
            this.Close();
    }
    private void btnPhoto_Click(object sender, EventArgs e)
    {
            string path = "";
            OpenFileDialog ofd = new OpenFileDialog();
            if (ofd.ShowDialog() == DialogResult.OK)
            {
                path = ofd.FileName;
                phname = path.Substring(path.LastIndexOf("\\") + 1, path.Length –
                     path.LastIndexOf("\\") - 1);
                File.Copy(path, Application.StartupPath + "\\image\\" + phname, true);
                pictureBox1.Image = Image.FromFile(path);
                pictureBox1.SizeMode = PictureBoxSizeMode.StretchImage;
            }
      }
   }
}
```

步骤 4 运行效果如图 4-18 所示。

图 4-18 更换头像窗体运行效果

知识拓展

4.2.3 ToolTip 组件

Windows 窗体的 ToolTip 组件在用户指向控件时显示相应的文本,提供了信息提示框,这有很多用处,可以提示控件或者用户自定义的属性信息,而且可以自动弹出或者用户指定弹出,也可以动画效果弹出。ToolTip 组件常用的属性如表 4-19 所示。

表 4-19 ToolTip 常用属性

属 性	说 明	默 认 值
Active	获取或设置一个值,指示工具提示当前是否处于激活状态。如果工具提示当前处于活动状态,则为 True;否则为 False。可为一个窗体创建并分配多个 ToolTip 组件,但将 Active 属性设置为 False 只影响当前 ToolTip	True
AutomaticDelay	获取或设置工具提示的自动延迟。自动延迟(以毫秒为单位)	500
AutoPopDelay	获取或设置当指针在具有指定工具提示文本的控件内保持静止时,工具提示保持可见的时间期限,以毫秒为单位	5000
ReshowDelay	获取或设置鼠标指针从一个控件移到另一控件时,必须经过多长时间才会出现后面的工具提示窗口。以毫秒为单位	100
ShowAlways	获取或设置一个值,该值指示是否显示工具提示窗口,甚至是在其父控件不活动的时候。如果始终显示工具提示,则为 True;否则为 False	False
IsBalloon	获取或设置一个指示工具提示是否应使用气球状窗口的值。如果应使用气球状窗口,则为 True;如果应使用标准矩形窗口,则为 False	False

ToolTip 组件最常用的一个公共方法是 SetToolTip()方法,它使工具提示文本与指定的控件相关联。其声明如下:

```
public void SetToolTip (Control control,string caption)
```

其中,参数 control 是要将工具提示文本与其关联的控件,caption 是指针位于控件上方时要显示的工具提示文本。作为一条通用规则,所用的文本应该简短,但是可以使用 \r\n 转义字符序列插入分行符。

```
toolTip1.InitialDelay = 100;
toolTip1 .SetToolTip (txtUserName,"用户名不能为空");
```

项目拓展

1. 任务

作为承接随笔记项目的软件公司的程序员,负责开发该系统的用户管理子模块,请完成用户密码修改功能。

2. 描述

用户登录后,如觉得原有的密码不合适,可以通过密码修改的功能对原有的密码进行修改,功能实现如图 4-19 所示。

图 4-19 用户密码修改

3. 要求

界面实现:实现如图 4-19 所示的界面。

功能实现:

(1)先判断原始密码是否正确。

(2)再判断新密码和确认新密码是否一致。

(3)修改用户密码。

项目小结

本项目使用 CheckedListBox 控件和 ErrorProvider 控件等设计用户注册界面。为了提高数据库的执行效率,使用 SqlParameter 对象和存储过程调用实现用户注册功能。应用 GroupBox 控件、ComboBox 控件、TabControl 控件等知识设计和实现用户头像更换功能。通过本项目的学习,读者应能应用各种基本控件编写信息输入和修改程序。

习题

1. 将本项目功能与项目 3 完成的用户登录功能进行联合测试。
2. 上网学习 GDI 绘图的知识,尝试设计和实现一个简易 Windows 绘图板。

项目 5 收支分类管理功能实现

在 C/S 模式的信息管理系统中，基础数据是信息系统中重要的组成部分，实现基础数据管理是 C/S 信息系统中必须具备的功能，它方便对基础数据的输入、编辑、查询。

本项目通过两个任务（收支分类显示功能实现、收支分类添加功能实现），让读者理解 ImageList 控件、ListView 控件、RadioButton 控件、ContextMenuStrip 控件的使用，了解应用程序配置文件 App.config 文件的作用，加深对 ADO.NET 访问技术中连接式数据访问的理解，掌握使用面向对象方法抽象出通用数据访问类，通过这个类提供的方法，完成特定的数据库操作，实现在一个项目的各模块之间代码的重用。

任务 5.1 收支分类显示功能实现

学习目标

- 掌握 ImageList 控件的基本属性及方法；
- 掌握 ImageList 控件的图片列表内容；
- 掌握 ImageList 控件与其他通用控件的联合使用；
- 掌握 ListView 控件的属性和方法；
- 掌握 ListView 控件的编辑列、组和项；
- 掌握通过编程的方法实现将数据库的信息显示到 ListView 中。

任务描述

信息显示功能是 Windows 窗体程序将信息展现给用户与用户交互的接口，收支分类显示是用于展示后台数据库收支分类表中的信息，方便用户在记账时浏览收支分类信息。本任务通过 ImageList 控件、ListView 控件、ADO.NET 数据访问技术实现将收支分类表中的信息显示到 ListView 控件中。运行效果如图 5-1 所示。

技术要点

5.1.1 ImageList 控件

ImageList 控件是一个图片集管理器，支持 BMP、GIF、JPG、JPEG、PNG 和 ICO 等图像格式。其属性 Images 用于保存多幅图片以备其他控件使用，其他控件可以通过 ImageList 控件的索引号和关键字引用 ImageList 控件中的每个图片。另外，ImageList 控件中的所有图像都将以同样的大小显示，该大小由其 ImageSize 属性设置，较大的图像将缩小至适当的尺寸。

ImageList 控件在运行期间是不可见的，因此添加一个 ImageList 控件时，它不会出现在窗体上而是出现在窗体的下方。下面介绍 ImageList 控件的一些常见属性和方法（代码中的 ImgList 为一个 ImageList 控件的对象名）。

1. 常见属性

（1）ColorDepth 属性

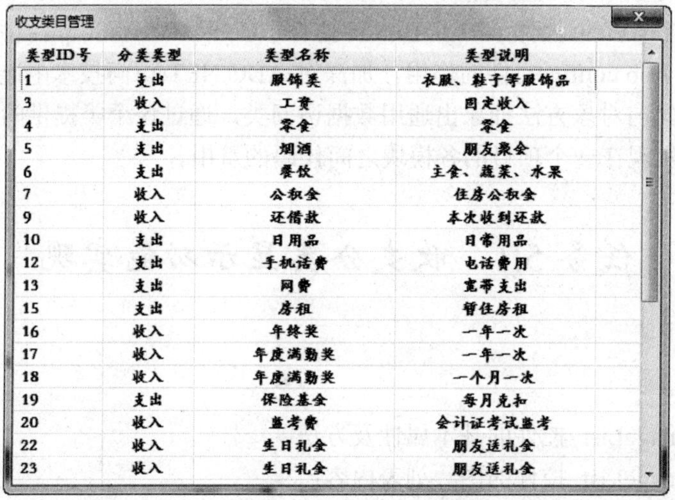

类型ID号	分类类型	类型名称	类型说明
1	支出	服饰类	衣服、鞋子等服饰品
3	收入	工资	固定收入
4	支出	零食	零食
5	支出	烟酒	朋友聚会
6	支出	餐饮	主食、蔬菜、水果
7	收入	公积金	住房公积金
9	收入	还借款	本次收到还款
10	支出	日用品	日常用品
12	支出	手机话费	电话费用
13	支出	网费	宽带支出
15	支出	房租	暂住房租
16	收入	年终奖	一年一次
17	收入	年度满勤奖	一年一次
18	收入	年度满勤奖	一个月一次
19	支出	保险基金	每月克扣
20	收入	监考费	会计证考试监考
22	收入	生日礼金	朋友送礼金
23	收入	生日礼金	朋友送礼金

图 5-1 收支类目管理图

ColorDepth 属性用来设置或获取 ImageList 控件中所存放图片的颜色深度，可取值为 Depth4Bit、Depth8Bit、Depth16Bit、Depth24Bit 和 Depth32Bit。在程序运行期间可以通过以下代码来修改 ImageList 控件中图片的颜色深度：

```
this.ImgList.ColorDepth = ColorDepth.Depth8Bit
```

（2）ImageSize 属性

ImageSize 属性用来定义列表中的图像高度和宽度（以像素为单位）的大小。默认大小是 16×16，最大是 256×256。可通过 ImageSize 的 Width 和 Height 属性来获取此控件中包含的 Images 内的图片的宽度与高度。

（3）Images 属性

Images 属性用来保存图片的集合，可以通过属性设计器打开图像集合编辑器来添加图片，如图 5-2 所示。

图 5-2 中的成员列表显示已经添加了 5 幅图片，每幅图片的前面有索引号，如 1.jpg 图片的索引号为 0，2.jpg 的图像的索引号为 1，默认情况下是按照图像的添加顺序来创建索引号，先添加的索引号在前，不过可以通过成员列表旁边的上下箭头来调整图片的索引号。属性列表框中显示了每幅图片的物理属性，如原始图像格式和尺寸大小等。

Images 是一个集合类型，提供了一些属性方法来管理图片集。Images 的 Count 属性用来获取 Images 集合中图片的数目（此属性为只读），Images 主要通过 Item 子对象来管理图片集。Images.Item(index)中的 index 用来访问图像集合中索引号为 index 的图像。Images 的 Add()、Clear()和 RemoveAt()等方法来用添加和删除图片。ImageList 还提供了一个 Draw()方法用于在指定的对象上进行绘图，如下面的代码将 ImgList 图片集合中的第 index 幅图绘制在一个名为 myGraphics 的对象的(10, 10)位置：

```
ImgList.Draw(myGraphics, 10, 10, index)
```

图 5-2　图像集合编辑器

【例 5-1】创建一个简单的图片管理程序。

【实例说明】本代码示例演示如何将图片添加到 ImageList 类的 Images 属性中，并选择、移除、清空和显示图像。

【实现过程】

（1）创建一个 C#的 Windows 应用程序，项目名称为 Eg5-1。

（2）在窗体上添加控件，设置各控件的属性。

（3）设计好的界面如图 5-3 所示。

（4）在 Form 的 Load 事件中编写下列代码，初始化 ImageList 控件中的图片大小：

图 5-3　图片管理程序图

```
imageList1.ImageSize = new Size(150,150);//设置图片的宽度、高度分别为 150px
```

（5）为加载按钮添加事件处理程序，实现将图片加载到 ImageList、comboBox 中，并将第一个图片显示在 pictureBox 控件中。

```csharp
//addImage1函数实现将参数图片信息添加到imageList1中，将图片路径信息添加到comboBox1中
private void addImage(string imageToLoad)
{
    if (imageToLoad != "")
    {
        imageList1.Images.Add(Image.FromFile(imageToLoad));
        comboBox1.BeginUpdate();
        comboBox1.Items.Add(imageToLoad);
        comboBox1.EndUpdate();
    }
}
//打开文件对话框，选择图片文件并将选中的文件添加到imageList1控件中，将第一幅图片显示
到pictureBox1控件中
private int currentImage=0;
private void button1_Click(object sender, EventArgs e)
{
    openFileDialog1.Multiselect = true;//允许打开文件对话框中可以选择多个文件
    if (openFileDialog1.ShowDialog() == DialogResult.OK)
    {
        if (openFileDialog1.FileNames != null)
        {
            for (int i = 0; i < openFileDialog1.FileNames.Length; i++)
            {
                addImage(openFileDialog1.FileNames[i]);
            }
        }
        else
            addImage(openFileDialog1.FileName);
        pictureBox1.Image = imageList1.Images[currentImage];
        //将imageList1中的第一幅图片显示在pictureBox1中
        label2.Text = "Current image is " + currentImage;
        //将当前图片的索引号显示到Label2控件中
        comboBox1.SelectedIndex = currentImage;
        //comboBox1中第一幅图片被选中
    }
}
```

（6）分别为"下一张"、"移除"、"清空"按钮添加处理程序。

```csharp
private void button2_Click(object sender, EventArgs e)
{
    if (imageList1.Images.Empty != true)
    {
        if (imageList1.Images.Count - 1 > currentImage)
        {
            currentImage++;//改变当前图片的索引值
        }
        else
        {
            currentImage = 0;//图片索引清零
        }
```

```csharp
            pictureBox1.Image = imageList1.Images[currentImage];
            label2.Text = "Current image is " + currentImage;
            comboBox1.SelectedIndex = currentImage;
        }
    }
    //移除当前图片
    private void button3_Click(object sender, EventArgs e)
    {
            imageList1.Images.RemoveAt(comboBox1.SelectedIndex);
            comboBox1.Items.Remove(comboBox1.SelectedItem);
    }
    //清空所有图片
    private void button4_Click(object sender, EventArgs e)
    {
            imageList1.Images.Clear();
            comboBox1.Items.Clear();
    }
```

5.1.2 ListView 控件

1. 功能

ListView 控件可以显示带图标的项列表，用户可使用该控件创建类似 Windows 资源管理器的用户界面。ListView 控件具有 5 种视图模式：

（1）带有小图标的文本，各项排列在列中，没有列标头。
（2）带有小图标的文本，此视图下，小图标随列表项的文本同时显示。
（3）带有大图标的文本，此视图下，大图标随列表项的文本同时显示。
（4）报表视图，此视图下，列表项显示在多个列中。
（5）带有大图标的文本，右边带有项标签和子项信息。

如图 5-4 所示为 List View 控件。

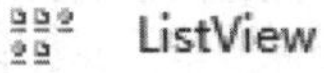

图 5-4 ListView 控件图

2. 属性

ListView 控件常用属性及说明如表 5-1 所示。

表 5-1 ListView 控件常用属性及说明

属　　性	说　　明
FullRowSelect	此属性用于指定在 ListView 控件中单击某项时要执行的操作过程。单击某项时，可以指定是只选择该项还是应选择该项所在的整行
View	此属性指定将建列表视图的类型。视图类型主要包括：大图标、小图标、列表、详细信息和平铺
Alignment	指定 ListView 各项的对齐方式

续表

属　性	说　明
Sorting	对项进行排序的方式
Multiselect	此属性设为 True 时，表示在控件中一次可以选择多个项
GridLines	获取或设置一个值，该值指示在包含控件中的项及其子项的行和列之间是否显示网格
FullRowSelect	此属性用于指定在 ListView 控件中单击某项时要执行的操作过程。单击某项时，可以指定是只选择该项，还是应选择该项所在的整行

下面对较重要的属性进行详细介绍。

（1）View 属性，用于获取或设置项在控件中的显示方式。

语法：

  public View View { get; set; }

属性值：View 值之一。默认为 LargeIcon。

View 的属性值及说明如表 5-2 所示。

表 5-2　View 属性值及说明

属 性 值	说　明
Details	每个项显示在不同的行上，并带有关于列中所排列的各项的进一步信息。最左边的列包含一个小图标和标签，后面的列包含应用程序指定的子项。列显示一个标头，它可以显示列的标准。用户可以在运行时调整各列的大小
LargeIcon	每个项都显示为一个最大化图标，在它的下面带一个标签
SmallIcon	每个项都显示为一个小图标，在它的右边带一个标签
List	每个项都显示为一个小图标，在它的右边带一个标签，各项排列在列中，没有列标头
Title	每一项都显示为一个完整大小的图标，在它的右边带项标签和子项信息。显示的子项信息由应用程序指定，并且 ListView 控件在 LargeIcon 视图中显示

（2）FullRowSelect 属性，用于指定是只选择某一项，还是选择某一项所在的整行。

语法：

  public bool FullRowSelect { get; set; }

属性值：如果单击某项会选择该项及其所有子项，则为 True；如果单击某项仅选择项本身，则为 False。默认为 False。

提示

> 除非将 ListView 控件的 View 属性设置为 Details，否则 FullRowSelect 属性无效。在 ListView 显示带有许多子项的项时，通常使用 FullRowSelect 属性，并且在由于控件内容的水平滚动而无法看到项文本时，能够查看选定项是非常重要的。

（3）GridLines 属性。指定在包含控件中项及其子项的行和列之间是否显示网格线。
语法：

```
public bool GridLines { get; set; }
```

属性值：如果在项及其子项的周围绘制网格线，则为 True；否则为 False。默认为 False。

提示

> 除非将 ListView 控件的 View 属性设置为 Details，否则 GridLines 属性无效。

【例 5-2】创建一个类似 Windows 的资源查看器。

【实例说明】本代码示例演示如何通过 ImageList 控件、ListView 控件、ComboBox 控件实现 Windows 资源查看器功能。

【实现过程】

（1）创建一个 C#的 Windows 应用程序，项目名称为 Eg5-2。
（2）在窗体上添加控件，设置各控件的属性。
（3）设计好的界面如图 5-5 所示。

图 5-5 类似 Windows 的资源查看器

（4）为 ComboBox 控件添加处理程序如下：

```
private void comboBox1_SelectedIndexChanged(object sender, EventArgs e)
{
    if (comboBox1.SelectedIndex == 0)
    {
        lstTB.View = View.LargeIcon;//大图标显示
    }
    else if (comboBox1.SelectedIndex == 1)
    {
        lstTB.View = View.SmallIcon;//小图标显示
    }
    else if (comboBox1.SelectedIndex == 2)
```

```
        {
            //详细列表显示
            lstTB.View = View.Details;
            for (int i = 0; i < lstTB.Items.Count; i++)
            {
                lstTB.Items[i].SubItems.Add(new ListViewItem.ListViewSubItem(lstTB.Items[i], "收入"));
                lstTB.Items[i].SubItems.Add(new ListViewItem.ListViewSubItem(lstTB.Items[i], DateTime.Now.ToLongDateString()));
            }
        }
        else if (comboBox1.SelectedIndex == 3)
        {
            lstTB.View = View.List;//列表显示
        }
        else
            lstTB.View = View.Tile;//平铺显示
}
```

任务实现

步骤 1 在项目 NoteTaking 中添加窗体,命名为 InExpType。

步骤 2 在窗体中添加 ListView 控件和 ImageList 控件并设置其属性,如图 5-6 所示。

图 5-6 收支类目管理图

步骤 3 创建数据库连接通用对象,并创建数据库连接方法。

```
public SqlConnection conn;        //定义连接对象
public void OpenSqlConnection()//打开数据库连接
{
    string strConn = "Data Source=.;Initial Catalog=NoteTaking;Integrated Security=SSPI;";
    try
    {
        conn = new SqlConnection(strConn);
```

```
                conn.Open();
            }
            catch (Exception e)
            {
                MessageBox.Show(e.ToString());
                return;
            }
        }
```

步骤 4 在 InExpType_Load 事件的处理程序中添加下代码,以实现将收支分类表中的信息显示到 ListView 控件中。

```
private void InExpType_Load(object sender, EventArgs e)
{
    OpenSqlConnection();
    SqlCommand cmd = new SqlCommand("select * from IncomeExpendType", conn);
    SqlDataReader sdr = cmd.ExecuteReader();
    listView1.Items.Clear();
    ListViewItem lvi;//定义列表项对象
    while (sdr.Read())
    {
        //为列表项添加项信息
        lvi = new ListViewItem(sdr[0].ToString());
        lvi.SubItems.Add(sdr[1].ToString());
        lvi.SubItems.Add(sdr[2].ToString());
        lvi.SubItems.Add(sdr[3].ToString());
        listView1.Items.Add(lvi);//将列表项添加到列表的项集合中
    }
    sdr.Close();
    conn.Close();
}
```

步骤 5 运行效果如图 5-7 所示。

图 5-7 收支类目管理效果图

任务 5.2　添加收支分类功能实现

学习目标

- 了解 RadioButton 按钮的特点；
- 掌握 RadioButton 按钮属性与事件的使用；
- 掌握 NotifyIcon 控件的使用；
- 掌握 ContextMenuTrip 菜单的使用；
- 掌握应用程序配置文件 App.config 的使用；
- 掌握编写通用数据访问类的使用。

任务描述

添加信息是 Windows 窗体程序中后台管理常见的功能，用户记账时，如果需要的分类信息不存在，可以通过该功能进行添加管理后台数据。本任务通过 RadioButton 控件、NotifyIcon 控件、ContextMenuTrip 控件、App.config 配置文件、通用数据访问类实现对后台信息的管理。界面效果如图 5-8 所示。

图 5-8　添加收支分类

技术要点

5.2.1　RadioButton 控件

RadioButton 控件又称单选按钮控件，是一种多选一类型的控件，通常情况下用来处理用户从多个选项(两个及以上互斥选项)中选择的唯一信息。当一组单选按钮中的一个按钮被选择，其他同组的单选按钮就自动不被选择。Windows Form 提供了 RadioButton 类创建对象，相同容器中的所有单选按钮自动属于同一组，使用容器类例如 GroupBox 类和 Panel 类。

RadioButton 控件常用的属性如表 5-3 所示。

表 5-3　RadioButton 控件的常用属性

属　　性	说　　明
Appearance	RadioButton 可以显示为一个圆形选中标签，放在左边、中间或右边，或者显示为标准按钮。当它显示为按钮时，控件被选中时显示为按下状态，否则显示为弹起状态

续表

属　性	说　明
AutoCheck	如果这个属性为 True，用户单击单选按钮时，会显示一个选中标记。如果该属性为 False，就必须在 Click 事件处理程序的代码中手工检查单选按钮
CheckAlign	使用这个属性可以改变单选按钮的选框的对齐形式，默认是 ContentAlignment.MiddleLeft
Checked	表示控件的状态。如果控件有一个选中标记，它就是 True，否则为 False
TextAlign	获取和设置 RadioButton 控件上的文本对齐方式

RadioButton 控件的常用事件包括 Click 事件和 CheckedChange 事件，如表 5-4 所示。

表 5-4　RadioButton 控件的常用事件

事件名称	说　明
Click	每次单击 RadioButton 时，都会引发该事件。这与 CheckChanged 事件是不同的，因为连续单击 RadioButton 两次或多次只改变 Checked 属性一次，且只改变以前未选中的控件的 Checked 属性。而且，如果被单击按钮的 AutoCheck 属性是 False，则该按钮根本不会被选中，只引发 Click 事件
CheckChanged	当 RadioButton 的选中选项发生改变时，引发这个事件

【例 5-3】单项选择题应答器程序。

【实例说明】本程序示例演示在线考试系统中单项选择题的程序实现，主要提供考生做题的功能，当考生单击"提交"按钮时将考生对应已做题目答案信息显示在答案文本框中。

【实现过程】

（1）创建一个 C#的 Windows 应用程序，项目名称为 Eg5-3。

（2）在窗体上添加控件，设置各控件的属性。

（3）设计好的界面如图 5-9 所示。

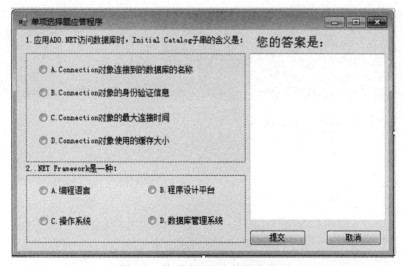

图 5-9　单项选择题应答程序界面

（4）单击"提交"按钮时，获取考生的答案显示到答案文本框中，程序代码如下：

```
string answer1 = "未做";
string answer2 = "未做";
if (rbt1A.Checked == true)
{
    answer1 = rbt1A.Text;
}
else if (rbt1B.Checked == true)
{
    answer1 = rbt1B.Text;
}
else if (rbt1C.Checked == true)
{
    answer1 = rbt1C.Text;
}
else if (rbt1D.Checked == true)
{
    answer1 = rbt1D.Text;
}
else;
if (rbt2A.Checked == true)
{
    answer2 = rbt2A.Text;
}
else if (rbt2B.Checked == true)
{
    answer2 = rbt2B.Text;
}
else if (rbt2C.Checked == true)
{
    answer2 = rbt2C.Text;
}
else if (rbt2D.Checked == true)
{
    answer2 = rbt2D.Text;
}
else ;
txtanswer.Text = label1.Text + "\n" + answer1 + "\r\n" + label2.Text + "\n" + answer2 ;
```

（5）程序运行效果如图 5-10 所示。

项目 5　收支分类管理功能实现

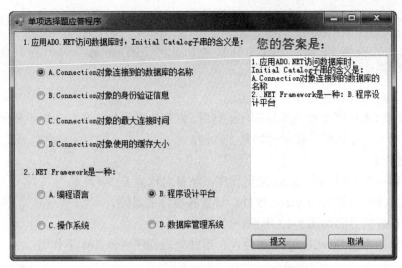

图 5-10　单项选择题应答程序运行效果

5.2.2　NotifyIcon 控件

怎么制作应用程序在任务栏中的托盘图标，效果如图 5-11 所示。

图 5-11　应用程序托盘图标

在使用计算机时，操作系统任务栏中的图标是一些进程的快捷方式，这些进程在计算机后台运行，如防病毒程序、音量控制程序、QQ 程序等。实现这些功能需要使用 NotifyIcon 控件。

1. NotifyIcon 控件属性

NotifyIcon 控件的常用属性如表 5-5 所示。

表 5-5　NotifyIcon 控件的常用属性

属　　性	说　　明
BalloonTipIcon	气泡提示的类型，有 None(无)、Info(蓝色感叹号)、Warnning(黄色感叹号)、Error(小红叉)
BalloonTipText	气泡提示的内容，如上图的 None 等气泡类型信息
BalloonTipTitle	气泡提示的标题，如上图的 Tip
ContextMenuStrip	绑定的右键菜单
Icon	所显示的图标
Text	鼠标移上去时，显示的提示信息
Visible	是否显示图标，当然，不显示就看不到了

2. ShowBalloonTip()方法

ShowBalloonTip()方法用于显示气泡框，有两个重载方法，分别为：

Private void NotifyIcon.ShowBalloonTip(int timeout);//参数 timeout 为气泡框显示时间，以毫秒为单位
Private void NotifyIcon.ShowBalloonTip(int timeout,string tipTitle,string tipText,ToolTipIcon tipIcon);
//参数 timeout 为气泡框显示时间，以毫秒为单位；tipTitle 为气泡框的标题；tipText 为气泡框中显示的内容；tipIcon 为气泡提示类型

【例 5-4】任务栏中托盘图标程序实现。

【实例说明】本程序实现当应用程序运行时，将窗体最小化后在任务栏中显示托盘图标，并有相应气泡消息提示框，提示时间是 3 秒钟。

【实现过程】

（1）创建一个 C#的 Windows 应用程序，项目名称为 Eg5-4。

（2）在窗体上添加 NotifyIcon 控件，设置各控件的属性。

（3）设计好的界面如图 5-12 所示。

（4）为窗体添加 SizeChanged 事件，在事件处理程序中添加如下代码：

```
//窗体最小化时显示气泡框 3 秒
if (WindowState == FormWindowState.Minimized)
{
    this.myNotifyIcon.ShowBalloonTip(3000, "注意", "这是一个测试程序", ToolTipIcon.Info);
}
```

（5）程序运行效果如图 5-13 所示。

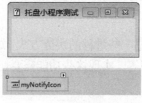
图 5-12　托盘图标程序图

图 5-13　托盘图标程序效果

5.2.3　ContextMenuStrip 控件

ContextMenuStrip 控件又称快捷菜单(也称为上下文菜单)，在用户右击时会出现在鼠标指针位置。快捷菜单在鼠标指针位置提供了工作区或控件的选项。

要显示弹出菜单，或在用户右击时显示一个菜单，就应使用 ContextMenuStrip 类。ContextMenuStrip 是 ToolStripMenuItems 对象的容器，但它派生于 ToolStripDropDownMenu。ContextMenu 的创建是通过添加 ToolStripMenuItems，定义每一项的 Click 事件，执行某个任务。弹出菜单应赋予特定的控件，为此要设置控件的 ContextMenuStrip 属性。在用户右击该控件时，就显示该菜单。

【例 5-5】任务栏托盘菜单实例实现。

【实例说明】有一些软件通常只是在后台运行，这些进程大部分时间不显示用户界面。可通过单击任务栏状态通知区域的图标来访问的病毒防护程序就是一个示例。Windows 窗体中的 NotifyIcon 控件通常用于显示在后台运行的进程的图标，本实例利用该控件与右键菜单结合制作了一个任务栏托盘菜单。实例界面效果如图 5-14 所示。

要使程序启动时出现在系统托盘中，必须要为窗体添加 NotifyIcon 控件和 Context-

MenuStrip 控件。

> 必须为 NotifyIcon 控件的 Icon 属性设置图标。

【实现过程】

（1）创建一个 C#的 Windows 应用程序，项目名称为 Eg5-5。

（2）向 Form1 窗体添加 NotifyIcon 控件和 ContextMenuStrip 控件，并为 ContextMenuStrip 控件添加子项，设置子项属性 Image 及快捷键 ShortcutKeys。

（3）选择 NotifyIcon 控件，在其属性窗口中将 ContextMenuStrip 属性设置为添加到窗体上的 ContextMenuStrip 控件，并为 Icon 属性设置图片，设计效果如图 5-14 所示，运行效果如图 5-15 所示。

图 5-14　任务栏托盘菜单界面效果

（4）菜单单击事件的程序如下：

```csharp
//显示窗体程序
private void TSMIShow_Click(object sender, EventArgs e)
{
    this.Show();
    this.WindowState=FormWindowState.Normal;
}
//隐藏窗体程序
private void TSMIHide_Click(object sender, EventArgs e)
{
    this.Hide();
}
//关闭窗体程序
private void TSMIClose_Click(object sender, EventArgs e)
{
    this.Close();
}
```

（5）运行效果如图 5-15 所示。

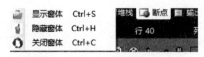

图 5-15　任务栏托盘菜单效果

5.2.4 App.config 文件

配置文件（Configuration File）即对不同对象进行不同配置的文件，大致上可分为 ASP.NET 应用程序配置文件（Web.config）、应用程序配置文件（App.config）和计算机配置文件（Machine.config）。

本节的主要探讨对象为应用程序配置文件（App.config），它是可以按需要来进行变更的 XML 格式文件。程序设计人员可以利用修改配置文件来变更其设定值，而不需重新编译应用程序即生效。当生成项目时，开发环境会自动创建 App.config 文件的副本并更改其文件名，使其与可执行文件同名，然后将新的.config 文件移动到 bin 目录下。

【例 5-6】在项目中添加应用程序配置文件。

【实例说明】本实例演示如何在应用程序中添加应用程序配置文件，向配置文件中添加存储数据库连接的字符串，演示如何在窗体中获取连接字符串，提高维护效率和安全性。

【实现过程】

（1）创建一个 C#的 Windows 应用程序，项目名称为 Eg5-6。

（2）右击"项目"，在弹出的快捷菜单中选择"添加新项"命令，打开"添加新项"对话框。

（3）选择"应用程序配置文件"单击"添加"按扭。

（4）名为 App.config 的文件被添加到当前项目中，如图 5-16 所示。

在基于 C#的 Windows 程序开发中，利用 App.config 文件可以存储与应用程序相关的一些信息，下面以保存和读取数据库连接字符串的操作为例说明该文件的使用。

1. 将连接字符串存储在配置文件中

在前几个项目用户登录功能实现、修改密码、注册账号等功能中需要访问数据库，每一个与数据访问有关的事件处理程序中都用到了连接字符串，如果应用程序的运行环境或数据库服务器的位置发生变化，由于在程序中嵌入了连接字符串，需要修改源程序并重新生成应用程序，给维护带来了很大工作量。此外，编译成应用程序源代码的未加密连接字符串可以使用 MSIL 反汇编程序（ildasm.exe）查看。这样既不利于程序的移值，也容易产生应用程序的安全性问题。可以将连接字符串保存在 App.config 文件中，这样如果环境发生变化，只需要修改该文件中的连接字符串，而不需要重新编译程序。

连接字符串可以存储在配置文件的<connectionStrings>元素中。连接字符串存储为键/值对的形式，可以在运行时使用键的名称查找存储在 connectionString 属性中的值。以下配置文件示例显示名为 constr 的连接字符串，该连接字符串引用连接到 SQL Server 本地实例的连接字符串。

图 5-16 添加应用程序配置文件

App.Config 文件，初始的 XML 代码如下：

```
<xml version="1.0" encoding="utf-8" >
<configuration>
</configuration>
```

以下面的格式来设置你的连接字符串：

```
<xml version="1.0" encoding="utf-8" >
<configuration>
    <connectionStrings>
        <add name="constr" connectionString="data source=.;database=NoteTaking;Integrated
            Security=SSPI"/>
    </connectionStrings>
</configuration>
```

提示

其中 name 是连接字符串的标识名，就像控件的 Name 属性，connectionString 就是连接字符串，可以写多个 add 节点。

2. 从配置文件中检索连接字符串

在解决方案资源管理器项目中右击"引用"，在弹出的快捷菜单中添加 System.configuration 引用，如图 5-17 所示。在代码中同时需要添加如下代码：

```
//添加名空间
using System.Configuration;
```

//获取配置文件中连接字符串值
string conn = ConfigurationManager.ConnectionStrings["constr"].ConnectionString;

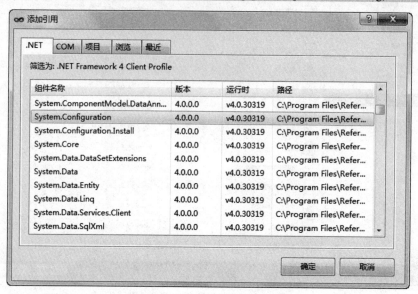

图 5-17　添加.NET 程序集

5.2.5　数据访问通用类设计

通过前几个项目的学习，我们知道系统中对于数据库操作都需要处理连接字符串、创建连接、执行查询、更新等通用操作。使用 ADO.NET 访问数据库时，每次操作都要设置数据库连接 connection 属性、建立连接、使用 SQLcommand 和进行事务处理等，比较繁琐且有很多重复操作。根据面向对象的方法和抽象的原则，为了提高代码的复用性，项目开发中一般通过创建数据库通用类把这些繁琐的、常用的操作封装起来，以更方便、安全地使用 ADO.NET。

【例 5-7】创建通用数据库访问类。

【实例说明】在实际的应用项目开发中，如何避免写一堆的数据访问的重复代码，通过编写一个基类，即通用数据访问类，包括一组通用的访问数据库的代码集，主要有创建数据库连接，执行查询(带参数与不带参数)，执行增加、修改、删除数据等操作。

【实现过程】

（1）创建一个 C#的 Windows 应用程序，项目名称为 Eg5-7。

（2）右击项目，在弹出的快捷菜单中选择"添加"→"类"命令，在打开的"添加新项"对话框中输入类的名称 SqlDbHelper，完成后单击"添加"按钮，如图 5-18 所示。

项目 5 收支分类管理功能实现

图 5-18 添加数据库访问类

（3）根据数据访问的需要，编写相关的方法。SqlDbHelper 的详细代码如下：

```csharp
private string connectionString;
/// <summary>
/// 设置数据库连接字符串
/// </summary>
public string ConnectionString
{
    set { connectionString = value; }
}
/// <summary>
/// 构造函数
/// </summary>
publicSqlDbHelper():this(ConfigurationManager.ConnectionStrings["Conn"].ConnectionString)
{
}
/// <summary>
/// 构造函数
/// </summary>
/// <param name="connectionString">数据库连接字符串</param>
public SqlDbHelper(string connectionString)
{
    this.connectionString = connectionString;
}
/// <summary>
///
/// </summary>
/// <param name="sql">要执行的查询 SQL 文本命令</param>
```

```csharp
/// <returns></returns>
public SqlDataReader ExecuteReader(string sql)
{
    return ExecuteReader(sql, CommandType.Text, null);
}
/// <summary>
/// 
/// </summary>
/// <param name="sql">要执行的 SQL 语句</param>
/// <param name="commandType">要执行的查询语句的类型，如存储过程或者 SQL 文本
///     命令</param>
/// <returns></returns>
public SqlDataReader ExecuteReader(string sql, CommandType commandType)
{
    return ExecuteReader(sql, commandType, null);
}
/// <summary>
/// 
/// </summary>
/// <param name="sql">要执行的 SQL 语句</param>
/// <param name="commandType">要执行的查询语句的类型，如存储过程或者 SQL 文本
///     命令</param>
/// <param name="parameters">Transact-SQL 语句或存储过程的参数数组</param>
/// <returns></returns>
public SqlDataReader ExecuteReader(string sql, CommandType commandType,
    SqlParameter[] parameters)
{
    SqlConnection connection = new SqlConnection(connectionString);
    SqlCommand command = new SqlCommand(sql, connection);
    //如果同时传入了参数，则添加这些参数
    if (parameters != null)
    {
        foreach (SqlParameter parameter in parameters)
        {
            command.Parameters.Add(parameter);
        }
    }
    connection.Open();
    //CommandBehavior.CloseConnection 参数指示关闭 Reader 对象时关闭与其关联的
    //    Connection 对象
    return command.ExecuteReader(CommandBehavior.CloseConnection);
}
/// <summary>
/// 
/// </summary>
/// <param name="sql">要执行的查询 SQL 文本命令</param>
/// <returns></returns>
public Object ExecuteScalar(string sql)
{
    return ExecuteScalar(sql, CommandType.Text, null);
}
```

/// <summary>
///
/// </summary>
/// <param name="sql">要执行的 SQL 语句</param>
/// <param name="commandType">要执行的查询语句的类型,如存储过程或者 SQL 文本
///   命令</param>
/// <returns></returns>
public Object ExecuteScalar(string sql, CommandType commandType)
{
    return ExecuteScalar(sql, commandType, null);
}
/// <summary>
///
/// </summary>
/// <param name="sql">要执行的 SQL 语句</param>
/// <param name="commandType">要执行的查询语句的类型,如存储过程或者 SQL 文本
///   命令</param>
/// <param name="parameters">Transact-SQL 语句或存储过程的参数数组</param>
/// <returns></returns>
public Object ExecuteScalar(string sql, CommandType commandType, SqlParameter[]
    parameters)
{
    object result = null;
    using (SqlConnection connection = new SqlConnection(connectionString))
    {
        using (SqlCommand command = new SqlCommand(sql, connection))
        {
            command.CommandType = commandType;//设置 command 的 CommandType
                为指定的 CommandType
            //如果同时传入了参数,则添加这些参数
            if (parameters != null)
            {
                foreach (SqlParameter parameter in parameters)
                {
                    command.Parameters.Add(parameter);
                }
            }
            connection.Open();//打开数据库连接
            result = command.ExecuteScalar();
        }
    }
    return result;   //返回查询结果的第一行第一列,忽略其他行和列
}
/// <summary>
/// 对数据库执行增删改操作
/// </summary>
/// <param name="sql">要执行的查询 SQL 文本命令</param>
/// <returns></returns>
public int ExecuteNonQuery(string sql)
{
    return ExecuteNonQuery(sql, CommandType.Text, null);
```
```

```csharp
}
/// <summary>
/// 对数据库执行增删改操作
/// </summary>
/// <param name="sql">要执行的 SQL 语句</param>
/// <param name="commandType">要执行的查询语句的类型，如存储过程或者 SQL 文本
///     命令</param>
/// <returns></returns>
public int ExecuteNonQuery(string sql, CommandType commandType)
{
    return ExecuteNonQuery(sql, commandType, null);
}
/// <summary>
/// 对数据库执行增删改操作
/// </summary>
/// <param name="sql">要执行的 SQL 语句</param>
/// <param name="commandType">要执行的查询语句的类型，如存储过程或者 SQL 文本
///     命令</param>
/// <param name="parameters">Transact-SQL 语句或存储过程的参数数组</param>
/// <returns></returns>
public int ExecuteNonQuery(string sql, CommandType commandType, SqlParameter[]
    parameters)
{
    int count = 0;
    using (SqlConnection connection = new SqlConnection(connectionString))
    {
        using (SqlCommand command = new SqlCommand(sql, connection))
        {
            command.CommandType = commandType;//设置 command 的 CommandType
                为指定的 CommandType
            //如果同时传入了参数，则添加这些参数
            if (parameters != null)
            {
                foreach (SqlParameter parameter in parameters)
                {
                    command.Parameters.Add(parameter);
                }
            }
            connection.Open();//打开数据库连接
            count = command.ExecuteNonQuery();
        }
    }
    return count;             //返回执行增删改操作之后，数据库中受影响的行数
}
```

任务实现

步骤 1　在项目 NoteTaking 中添加窗体，命名为 AddInExpType。

步骤 2　在窗体中添加控件并设置其属性，界面如图 5-8 所示。

步骤 3 在上一个任务中的 InExpType 窗体中添加右键菜单并设置相关属性,界面设计如图 5-19 所示。

图 5-19 收支类目管理界面

步骤 4 为 AddInExpType 窗体添加一个 Load 事件,实现隐藏 MsgRrror 控件,并置"确定"按钮为不可用,事件中添加如下代码:

```
private void AddInExpType_Load(object sender, EventArgs e)
{
    this.btnOk.Enabled = false;
    this.MsgError.Visible = false;
}
```

步骤 5 为 AddInExpType 窗体的类目名称文本框添加一个 Leave 事件,判断添加的类目名称是否存在,如果存在则显示 MsgRrror 控件,提示重名,如不存在置"确定"按钮为可用,在事件中添加如下代码:

```
private void txtTypeName_Leave(object sender, EventArgs e)
{
    SqlDbHelper dbh = new SqlDbHelper();
    string strsql = "select count(*) from IncomeExpendType where IncomeExpendTypeName=@ietn";
    SqlParameter[] sptypename = new SqlParameter[]{new SqlParameter ("@ietn",
        this.txtTypeName.Text.Trim())};
    int count=(int) dbh.ExecuteScalar(strsql, CommandType.Text, sptypename);
    if (count > 0)
    {
        this.btnOk.Enabled = false;
        this.MsgError.Visible = true;
    }
    else
    {
        this.btnOk.Enabled = true;
        this.MsgError.Visible = false;
```

            }
    }

步骤 6 为 AddInExpType 窗体的"取消"按钮添加一个 click 事件，在事件中添加如下代码：

```csharp
private void btnCancel_Click(object sender, EventArgs e)
{
        this.txtTypeName.Text = "";
        this.txtRemark.Text = "";
        this.MsgError.Visible = false;
        this.btnOk.Enabled = false;
}
```

步骤 7 为 AddInExpType 窗体添加自定义事件，用于当类目信息添加成功后，刷新类目列表窗体，代码如下：

```csharp
public event System.EventHandler callMessage;
```

步骤 8 为 AddInExpType 窗体的"确定"按钮添加一个 click 事件，向数据库插入一个类目信息并引发 callMessage 事件，代码如下：

```csharp
private void btnOk_Click(object sender, EventArgs e)
{
        string InExtype = "";
        if (this.RbIncome.Checked == true)
            InExtype = this.RbIncome.Text;
        else
            InExtype = this.RbExp.Text;
        string typename = this.txtTypeName.Text;
        string remark = this.txtRemark.Text;
        SqlDbHelper dbh = new SqlDbHelper();
        string insertsql = "insert into IncomeExpendType
            values(@typename,@incomeexpendtypename,@remark)";
        SqlParameter[] addpara=new SqlParameter[]{new SqlParameter("@typename",InExtype),new SqlParameter("@incomeexpendtypename",typename),new SqlParameter("@remark",remark)};
        int count=dbh.ExecuteNonQuery(insertsql, CommandType.Text, addpara);
        if (CkbAdd.Checked == true)
        {
            if (count > 0)
            {
                this.callMessage(sender, e);
                MessageBox.Show("添加收支类别成功");
            }
            else
                MessageBox.Show("添加收支类别失败");
            btnCancel_Click(sender, e);
        }
        else
        {
            if (count > 0)
```

```
            {
                this.callMessage(sender, e);
                this.Close();
            }
            else
                MessageBox.Show("添加收支类别失败");
    }
}
```

步骤 9 为 InExpType 窗体中右键菜单项"增加"按钮添加 click 事件，注册刷新事件，并显示添加类目 AddInExpType 窗体，代码如下：

```
private void 增加NCtrlNToolStripMenuItem_Click(object sender, EventArgs e)
{
    AddInExpType addIET = new AddInExpType();
    addIET.StartPosition = System.Windows.Forms.FormStartPosition.CenterScreen;
    addIET.callMessage += new EventHandler(bindInExpType);
    addIET.ShowDialog();
}
```

知识拓展

5.2.6 .NET 中的事务处理

在应用程序的数据处理过程中，经常会遇到一种情况：当某一数据发生变化后，相关的数据不能及时被更新，造成数据不一致，以至发生严重错误。例如银行 ATM 系统，当客户通过 ATM 系统进行转账业务时，客户将 A 卡的 2 000 元钱转账到 B 卡上，A 卡的金额减少了 2 000 元，但 B 卡中未进行更新，结果客户在读取 B 卡中的余额时就会出现数据不一致的现象。

为此，在数据库基础理论中我们引入事务的概念。所谓事务就是这样的一系列操作，这些操作被视为一个操作序列，要么全做，要么全不做，是一个不可分割的程序单元。在数据库数据处理中经常会发生数据更新事件，为了保证数据操作的安全与一致，大型数据库服务器都支持事务处理，以保证数据更新在可控的范围内进行。

事务必须符合 ACID 属性（原子性、一致性、隔离和持久性）才能保证数据的一致性。大多数关系数据库系统（例如 Microsoft SQL Server）都可在客户端应用程序执行更新、插入或删除操作时为事务提供锁定、日志记录和事务管理功能，以此来支持事务。ADO.NET 通过 Connection 对象的 BeginTransaction()方法实现对事务处理的支持，该方法返回一个实现 IDbTransaction 接口的对象，而该对象是在 System.Data 中被定义的。

1．事务处理命令

调用 Connection 对象的 BeginTransaction()方法，返回的是一个 DbTransaction 对象。DbTransaction 对象常用的事务处理命令包括下面 3 个：

- Begin：在执行事务处理中的任何操作之前，必须使用Begin命令来开始事务处理。
- Commit：在成功将所有修改都存储于数据库时才算是提交了事务处理。

❑ Rollback：由于在事务处理期间某个操作失败而取消事务处理已做的所有修改，这时将发生回滚。

不同命名空间里的 DbTransaction 类名称不同，表示也不同，如表 5-6 所示：

表 5-6　DbTransaction 类在不同命名空间里的类

类　　名	说　　明
OdbcTransaction	表示对 Odbc 数据源进行的 SQL 事务处理
OleDbTransaction	表示对 OleDb 数据源进行的 SQL 事务处理
OracleTransaction	表示对 Oracle 数据库进行的事务处理
SqlTransaction	表示要对 SQL Server 数据库进行的 Transact-SQL 事务处理

在后面的内容中，主要讨论 SqlTransaction 对象。

2. SqlTransaction 对象的使用

（1）SqlTransaction 对象的属性

SqlTransaction 对象表示要对数据源进行的事务处理，其常用的属性有 Connection。Connection 属性用来获取与该事务关联的 SqlConnection 对象，或者如果该事务不再有效，则为空引用。

（2）SqlTransaction 对象的方法

SqlTransaction 对象常用的方法有 Save()、Commit()和 Rollback()，其中 Save()方法在事务中创建保存点（它可用于回滚事务的一部分）并指定保存点名称；Commit()方法用来提交数据库事务，Rollback()方法从挂起状态回滚事务。

【例 5-8】简易转账系统的功能实现。

【实例说明】该应用程序模拟实现银行的转账功能，成功登入系统之后可以实现转账和查询余额的功能。

【实现过程】

（1）创建一个 C#的 Windows 应用程序，项目名称为 Eg5-8。

（2）界面设计，设计登录窗体如图 5-20 所示，设计业务窗体如图 5-21 和图 5-22 所示，窗体中放置两个 Panel 控件，单击"卡转出转账"按钮显示 panel1 效果如图 5-21 所示，单击"查询业务"按钮显示 panel2 效果如图 5-22 所示。

（3）附加数据库 Bank。

（4）登录功能实现。

图 5-20　登录 ATM 系统界面图

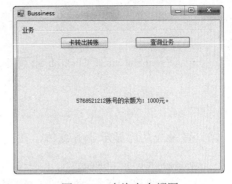

图 5-21　卡转出转账图　　　　　　图 5-22　查询卡余额图

```
private SqlConnection con;        //声明连接对象
public static string AccountNum;//声明静态全局变量，用于保存账号
//根据参数 account 判断该账号是否存在，如果存在返回 true，否则返回 false
public bool accountChk(string account)
{
    bool result = false;
    string sqlChk = "select * from Account where AccountNum=" + account;
    SqlCommand com = new SqlCommand(sqlChk, con);
    con.Open();
    SqlDataReader dr = com.ExecuteReader();
    if (dr.Read())
    {
        result = true;
    }
    con.Close();
    return result;
}
//登录时转账号、密码，当验证通过显示业务窗体，并将账号保存到 AccountNum 变量中，否则
    给出相应提示
 private void btnLogin_Click(object sender, EventArgs e)
{
    bool success = accountChk("'" + txtAccount.Text.Trim() + "' and LoginPassword='"
        +txtPwd.Text + "'");
    if (success)
    {
        this.Hide();
        AccountNum = txtAccount.Text.Trim();
        new Bussiness().Show();
    }
    else
    {
        MessageBox.Show("账户不存在");
    }
}
//窗体加载时，创建连接对象
private void Login_Load(object sender, EventArgs e)
{
    string connectionstr = "data source=.;database=Bank;Integrated Security=SSPI";
```

```csharp
            con = new SqlConnection(connectionstr);
        }
        //取消按钮事件,关闭窗体
        private void btnCancel_Click(object sender, EventArgs e)
        {
            this.Close();
        }
```

(5) 登录成功后显示业务窗体,在该窗体加载事件中创建连接对象。

```csharp
        private SqlConnection con;
        private void Bussiness_Load(object sender, EventArgs e)
        {
            string connectionstr = "data source=.;database=Bank;Integrated Security=SSPI";
            con = new SqlConnection(connectionstr);
            panel1.Visible = false;         //隐藏 panel1
            panel2.Visible = false;         // 隐藏 panel2
            btnTran.Enabled = false;        //转账按钮不可用
            lblMessage.Visible = false;     //账号提示框
        }
```

(6) 为"卡转出转账"按钮和"查询业务"按钮添加单击事件。

```csharp
        private void button1_Click(object sender, EventArgs e)
        {
            panel1.Visible = true;
            panel2.Visible = false;
        }
        //显示 panel2,并将账号余额显示在 lblBanace 控件中
        private void button2_Click(object sender, EventArgs e)
        {
            panel1.Visible = false;
            panel2.Visible = true;
            lblBanace.Text = Login.AccountNum + "账号的余额为:" +
                GetMoney(Login.AccountNum.Trim()).ToString() + "元。";
        }
        //获取账号为 accountNum 的账户余额
        private int GetMoney(string accountNum)
        {
            string sqlMoney = "select Money from Account where AccountNum=" + accountNum;
            SqlCommand com = new SqlCommand(sqlMoney, con);
            con.Open();
            SqlDataReader dr = com.ExecuteReader();
            dr.Read();
            int money = Convert.ToInt32(dr[0]);
            con.Close();
            return money;
        }
```

(7) 添加账号文本框的 leave 事件,判断是否账号存在。

```csharp
        private void txtInAccount_Leave(object sender, EventArgs e)
        {
```

```csharp
        string selsql = "select count(*) from Account where AccountNum=@aNum and
            AccountNum!=@accountNum";
        SqlParameter[] sp = new SqlParameter[] { new SqlParameter("@aNum",
            txtInAccount.Text.Trim()), new SqlParameter("@accountNum", Login.AccountNum) };
        con.Open();
        SqlCommand cmd = new SqlCommand(selsql, con);
        cmd.Parameters.Add(sp[0]);
        cmd.Parameters.Add(sp[1]);
        int count = (int)cmd.ExecuteScalar();
        if (count > 0)
        {
            this.lblMessage.Visible = false;
            btnTran.Enabled = true;
        }
        else
        {
            this.lblMessage.Visible = true;
            btnTran.Enabled = false;
        }
        con.Close();
    }
```

(8) 实现"转账"功能。

```csharp
    private void btnTran_Click(object sender, EventArgs e)
    {
        int u1_money = GetMoney(Login.AccountNum.ToString());
        int money=Int32 .Parse (txtMoney .Text );
        int u1_balance=u1_money -money ;
        if(u1_balance <0)
        {
            MessageBox .Show ("账户余额不足！");
            return ;
        }
        int u2_money =GetMoney( txtInAccount.Text.Trim());
        int u2_balance = u2_money + money;
        string sqlIn = "update Account set Money=" + u1_balance.ToString() + " where AccountNum="
            + Login.AccountNum .Trim () ;
        string sqlOut = "update Account set Money=" +u2_balance.ToString() + " where
            AccountNum=" + txtInAccount .Text .Trim ();
        con.Open();
        SqlTransaction st = con.BeginTransaction();
        SqlCommand com1 = new SqlCommand(sqlIn, con);
        SqlCommand com2 = new SqlCommand(sqlOut, con);
        com1.Transaction = st;
        com2.Transaction = st;
        try
        {
            int i = com1.ExecuteNonQuery() + com2.ExecuteNonQuery();
            if (i != 2)
            {
```

```
                    throw new Exception();
                }
                else
                {
                    st.Commit();
                    MessageBox.Show("转账成功！");
                }
            }
            catch (Exception ex)
            {
                st.Rollback();
                MessageBox.Show("转账失败！");
            }
            finally
            {
                con.Close();
            }
        }
```

项目拓展

1. 任务

作为承接随笔记项目的软件公司的程序员，负责开发该系统的收支类目管理子模块，请完成收支类目修改、删除和清空功能。

2. 描述

修改收支类目：当选择修改菜单时，弹出修改收支类目窗体，输入新的收支类目名称后，检查该名称是否存在，如不存在需进行修改，如存在则不能修改，显示提示信息。界面如图 5-23 所示。

删除收支类目：先选择需要删除收支类目，然后选择删除菜单，应判断日常收支记账表中是否有该类型的收支记账信息，如果有则应先删除该类目下的收支记账信息，再删除收支类目。

清空收支类目：清除数据库收支类目表中所有数据，同时应清空日常收支记账信息表中的所有信息。

3. 要求

界面实现：实现如图 5-23 所示的界面。

功能实现：

（1）修改前应先判断数据库表中是否存在重名。

（2）删除收支类目前应先判断日常收支记账表中是否有该类目，如有应一并删除。

（3）修改、删除、清空操作执行前应先弹出消息框询问是否真要执行此操作。

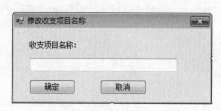

图 5-23　修改收支类目界面

项目小结

本项目使用 ImageList 控件、ListView 控件实现收支分类显示功能。使用应用程序配置文件 App.config，通用数据访问类，RadioButton 控件、ContextMenuStrip 控件实现收支分类添加功能，进一步理解 ADO.NET 数据访问技术中连接式数据访问方式，完成特定的数据库操作，实现在一个项目的各模块之间代码的重用。

习题

1. 理解三层架构体系，搭建一个 Windows Form 的三层架构框架。
2. 使用 Button 控件来完成布局，使用 ListView 控件显示有图标的功能菜单，完成类似 QQ 菜单程序界面，如图 5-24 所示。

图 5-24 菜单 QQ 的程序界面

3. 简要说明 ADO.NET 事务实现机制。

项目 6

收支记账管理功能实现

随笔记系统方便家庭、单位、组织等多用户群体一起记账，各自记各自的账。其最重要的功能是记账，同时还可辅助用户设置预算，控制乱消费现象，在冲动购物时能够控制住自己的消费冲动，从而达到不乱花钱的目的。

本项目通过 3 个基本任务（收支记账信息浏览功能实现、收支记账信息编辑功能实现、收支记账查询功能实现）和扩展任务（收支记账数据分页显示），让读者理解 DataGridView 控件、DataApdater 对象、DataSet 对象、DateTimePicker 控件、BindingSource 类、BindingNavigator 控件、ListBox 控件的使用，重点掌握 ADO.NET 访问技术中断开式数据访问的理解，掌握使用面向对象方法抽象出通用数据访问类，通过这个类提供的方法，完成特定的数据库操作，实现在一个项目的各模块之间代码的重用。

任务 6.1 收支记账信息浏览功能实现

学习目标

- 掌握 DataSet 对象的结构、属性、方法及工作原理；
- 掌握 DataTable、DataColumn、DataRow 和 DataView 对象；
- 掌握 DataAdapter 对象的使用；
- 了解 DataGridView 控件常见的属性和方法；
- 掌握 DataGridView 的数据绑定；
- 掌握 BindingSource 对象的使用；
- 掌握 BindingNavigator 控件的使用。

任务描述

收支记账信息浏览功能方便用户浏览账目信息，查看详细的账目清单。本任务通过 DataSet 对象、DataApdater 对象、DataGridView 控件、BindingSource 对象、BindingNavigator 控件实现账目信息浏览功能。运行效果如图 6-1 所示。

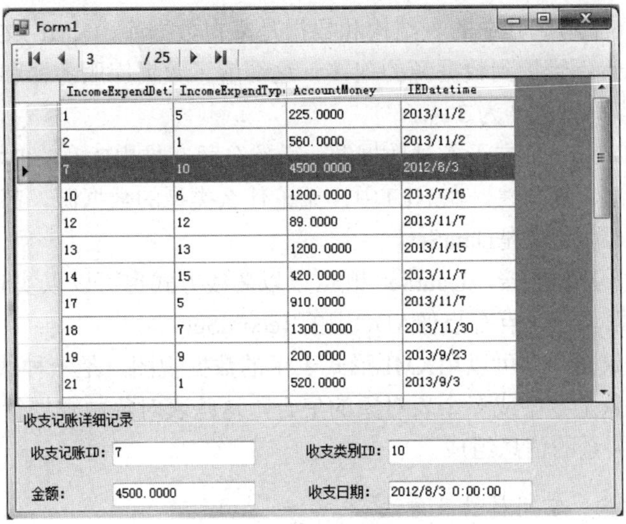

图 6-1 收支记账信息浏览

技术要点

6.1.1 DataSet 对象

ADO.NET 是.NET FrameWork SDK 中用以操作数据库的类库的总称。而 DataSet 类则是 ADO.NET 中最核心的成员之一，也是各种开发基于.NET 平台程序语言开发数据库应用程序最常接触的类。之所以 DataSet 类在 ADO.NET 中具有特殊的地位，是因为 DataSet 在 ADO.NET 实现从数据库抽取数据中起到关键作用，在从数据库完成数据抽取后，DataSet 就是数据的存放地，它是各种数据源中的数据在计算机内存中映射成的缓存，所以有时说 DataSet 可以看成是一个数据容器。同时它在客户端实现读取、更新数据库等过程中起到了中间部件的作用(DataReader 只能检索数据库中的数据)。

各种.NET 平台开发语言开发数据库应用程序，一般并不直接对数据库操作(直接在程序中调用存储过程等除外)，而是先完成数据连接和通过数据适配器填充 DataSet 对象，然后客户端再通过读取 DataSet 来获得需要的数据，同样，更新数据库中的数据，也是首先更新 DataSet，然后再通过 DataSet 更新数据库中对应的数据。可见，要了解、掌握 ADO.NET，首先必须了解、掌握 DataSet。

1. 数据集 DataSet 概述

DataSet 在应用程序中对数据的支持功能十分强大。DataSet 一经创建，就能在应用程序中充当数据库的位置，为应用程序提供数据支持。

数据集 DataSet 的数据结构可以在.NET 开发环境中通过向导完成，也可以通过代码来增加表、数据列、约束以及表之间的关系。数据集 DataSet 中的数据既可以来自数据源，也可以通过代码直接向表中增加数据行。这也看出，数据集 DataSet 类似一个客户端内存中的数据库，可以在这个数据库中增加、删除数据表，可以定义数据表结构和表之间的关系，可以增加、删除表中的行。

数据集 DataSet 不考虑其中的表结构和数据是来自数据库、XML 文件还是程序代码，因此数据集 DataSet 不维护到数据源的连接，这缓解了数据库服务器和网络的压力。对数据集 DataSet 的特点可以总结为 3 点：

- 独立性。DataSet 独立于各种数据源。微软公司在推出 DataSet 时就考虑到各种数据源的多样性、复杂性。在.NET 中，无论什么类型的数据源，都会提供一致的关系编程模型，而这就是 DataSet。
- 离线（断开）和连接。DataSet 既可以以离线方式也可以以实时连接来操作数据库中的数据。这一点有点像 ADO 中的 RecordSet。
- DataSet 对象是一个可以用 XML 形式表示的数据视图，是一种数据关系视图。DataSet 对象是零个或多个表对象的集合，这些表对象由数据行和列、约束和有关表中数据关系的信息组成。

2. DataSet 的结构、常用属性及方法

数据集 DataSet 是以 DataSet 对象形式存在的。DataSet 对象是一种用户对象，此对象表示一组相关表，在应用程序中这些表作为一个单元来引用。DataSet 对象的常用属性是 Tables、Relations 等。DataSet 对象的结构模型图 6-2 所示。

DataSet 对象由数据表及表关系组成，所以 DataSet 对象包含 DataTable 对象集合 Tables 和 DataRelation 对象集合 Relations。而每个数据表又包含行和列以及约束等结构，所以 DataTable 对象包含 DataRow 对象集合 Rows、DataColumn 对象集合 Columns 和 Constraint 对象集合 Constraints。DataSet 对象结构模型中的类如表 6-1 所示。

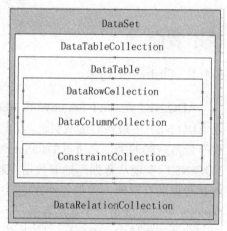

图 6-2 DataSet 对象的结构模型

表 6-1 DataSet 对象结构模型中的类

类	说 明
DataTableCollection	包含特定数据集的所有 DataTable 对象
DataTable	表示数据集中的一个表
DataColumnCollection	表示 DataTable 对象的结构
DataRowCollection	表示 DataTable 对象中的实际数据行
DataColumn	表示 DataTable 对象中列的结构
DataRow	表示 DataTable 对象中的一个数据行

DataSet 对象结构模型中各个类的关系如图 6-3 所示。

图 6-3 所示的是用一个具体实例来描述的 DataSet 层次结构中各个类之间的关系。整个图表示的是一个 DataSet 对象，用来描述随笔记系统的客户端数据库。DataSet 对象中的 DataTableCollection 数据表集合包含 3 个 DataTable 对象，分别是 UserLogin 代表用户登录

表、IncomeExpendDet 代表日常收支记账详细信息表和 IncomeExpendType 代表收支类别表。其中在 UserLogin 对象中的 DataColumnCollection 数据列集合包含 4 个 DataColumn 对象，分别是 UserLoginID 代表用户登录 ID、UserAccount 代表用户登录账号、UserPwd 代表用户登录密码和 UserPhoto 代表用户头像。UserLogin 对象还包含了按数据列定义结构的 DataRow 数据行集合 DataRowCollection。DataRowCollection 数据行集合中的每个 DataRow 数据行表示一个用户登录的数据信息。例如第一条，用户登录 ID 为 "1"、用户登录账号是 "admin"、用户登录密码为 "123456"、用户头像的文件路径为 "D:\image\2.jpg"。DataSet 对象常用的方法和属性如表 6-2 和表 6-3 所示。

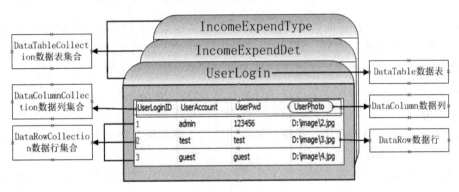

图 6-3 DataSet 对象结构模型中类之间的关系

表 6-2 DataSet 对象常用属性

属 性	说 明
Tables	数据集中包含的数据表的集合
Ralations	数据集中包含的数据联系的集合
DataSetName	用于获取或设置当前数据集的名称
HasErrors	用于判断当前数据集中是否存在错误

表 6-3 DataSet 对象常用方法表

方 法	说 明
Clear	清除数据集包含的所有表中的数据，但不清除表结构
Reset	清除数据集包含的所有表中的数据，而且清除表结构
HasChanges	判断当前数据集是否发生了更改，更改的内容包括添加行、修改行或删除行
RejectChanges	撤销数据集中所有的更改

3．数据集的工作原理

数据集并不直接和数据库打交道，它和数据库之间的相互作用是通过.NET 数据提供程序中的数据适配器（DataAdapter）对象来完成的。那么数据集是如何工作的呢？

数据集 DataSet 的工作原理请如图 6-4 所示。

图 6-4 所示的过程就是数据集 DataSet 的工作原理。

（1）客户端与数据库服务器端建立连接。

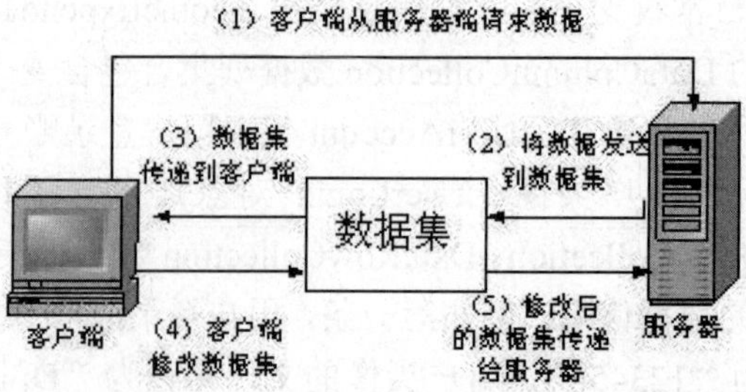

图 6-4 数据集的工作原理

（2）由客户端应用程序向数据库服务器发送数据请求。数据库服务器接到数据请求后，经检索选择出符合条件的数据，发送给客户端的数据集，这时连接可以断开。

（3）数据集以数据绑定控件或直接引用等形式将数据传递给客户端应用程序。

（4）如果客户端应用程序在运行过程中有数据发生变化，它会修改数据集里的数据。

（5）当应用程序运行到某一阶段时，比如应用程序需要保存数据，就可以再次建立客户端到数据库服务器端的连接，将数据集里的被修改数据提交给服务器。

（6）再次断开连接。

把这种不需要实时连接数据库的工作过程叫做面向非连接的数据访问。在 DataSet 对象中处理数据时，客户端应用程序仅仅是在本地机器上的内存中使用数据的副本。这缓解了数据库服务器和网络的压力，因为只有在首次获取数据和编辑完数据并将其回传到数据库时，才能连接到数据库服务器。

虽然这种面向非连接的数据结构有优点，但还是存在问题。当处于断开环境时，客户端应用程序并不知道其他客户端应用程序对数据库中原数据所做的改动，很有可能得到的是过时的信息。

6.1.2 DataTable、DataColumn、DataRow 和 DataView 对象

1. DataTable 对象

每一个 DataTable 对象代表了数据库（内存数据库 DataSet）中的一个表，每个 DataTable 数据表都由相应的数据行和数据列组成，即由 DataRow 对象和 DataColumn 对象组成。DataTable 对象是组成 DataSet 对象的主要组件，因 DataSet 对象可以接收由 DataAdapter 对象执行 SQL 指令后所取得的数据，这些数据是 DataTable 对象的格式，所以 DataSet 对象也需要许多 DataTable 对象来储存数据，并可利用 DataRows 集合对象中的 Add()方法加入新的数据。DataTable 类属于 System.Data 命名空间，因此要想使用 DataTable 对象必须引用 System.Data 命名空间。DataTable 对象常用的属性如表 6-4 所示。

表 6-4 DataTable 对象常用属性

属 性	说 明
Columns	是一个数据表的 DataColumn 对象的集合，每一个 DataColumn 对象代表了数据表中的每个列
TableName	用来获取或设置 DataTable 的名称

续表

属　性	说　明
Constraints	表示特定 DataTable 的约束集合
DataSet	表示 DataTable 所属的数据集
PrimaryKey	表示作为 DataTable 主键的字段或 DataColumn
Rows	是一个数据表的 DataRow 对象的集合，每个 DataRow 对象代表了数据表中的一行数据，Rows 属性可以通过索引值表示某一条特定的记录，第一条记录的索引值为 0
HasChanges	返回一个布尔值，指示数据集是否更改了

DataTable 对象常用的方法如表 6-5 所示。

表 6-5　DataTable 对象常用方法

方　法	说　明
AcceptChanges()	提交对该表所做的所有修改
NewRow()	用于创建与当前表结构相同的一个空记录，这个空记录就是一个 DataRow 对象
Select()	执行该方法后，会返回一个 DataRow 对象组成的数组
Copy()	用于创建一个新的 DataTable，它与原来的 DataTable 结构相同，并且包含相同的数据
Clone()	用于创建一个新的 DataTable，它与原来的 DataTable 结构相同，但没有包含数据
Clear()	用来清除 DataTable 里的数据，通常在获取数据前调用
Reset()	用来重置 DataTable 对象

DataTable 对象常用的事件如表 6-6 所示。

表 6-6　DataTable 对象常用事件

事　件	说　明
ColumnChanged	修改该列中的值时激发该事件
RowChanged	成功编辑行后激发该事件
RowDeleted	成功删除行时激发该事件

根据类 DataTable 构造函数的多种重载，类 DataTable 的实例化有两种常用方法：第一种方法创建 DataTable 对象的实例，以表名字符串作为参数，代码示例：

　　DataTable objStudentTable = new DataTable("Students");

第二种方法创建 DataTable 对象的实例，无参数。创建后，再修改 TableName 属性，给表设定表名。代码示例：

　　DataSet studentDS = new DataSet();
　　DataTable objStudentTable = studentDS.Tables.Add("Students");

创建 DataTable 的实例，然后将其添加到数据集的 Tables 集合中。实际编程中常用这种办法，一条代码完成多个任务。

2. DataColumn 对象

即数据表的字段，表示 DataTable 中列的结构，所组成的集合即为 DataTable 对象中的 Columns 属性，是组成数据表的最基本单位，其中 DataTable 的 Columns 属性含有对 DataColumn 对象的引用。DataColumn 对象常用的属性如表 6-7 所示。

表 6-7　DataColumn 对象常用属性

属　性	说　明
AllowDBNull	表示一个值，指示对于该表中的行，此列是否允许 null 值
ColumnName	表示指定 DataColumn 的名称
DataType	表示指定 DataColumn 对象中存储的数据类型
DefaultValue	表示新建行时该列的默认值
Table	表示 DataColumn 所属的 DataTable 的名称
Unique	表示 DataColumn 的值是否必须是唯一的

请看下面的使用示例代码：

```
private DataTable MakeNamesTable()
{
    // 创建一个名为'Names.'的数据表
    DataTable namesTable = new DataTable("Names");
    // 向表对象添加三列
    DataColumn idColumn = new  DataColumn();
    idColumn.DataType = System.Type.GetType("System.Int32");
    idColumn.ColumnName = "id";
    idColumn.AutoIncrement = true;
    namesTable.Columns.Add(idColumn);
    DataColumn fNameColumn = new DataColumn();
    fNameColumn.DataType = System.Type.GetType("System.String");
    fNameColumn.ColumnName = "Fname";
    fNameColumn.DefaultValue = "Fname";
    namesTable.Columns.Add(fNameColumn);
    DataColumn lNameColumn = new DataColumn();
    lNameColumn.DataType = System.Type.GetType("System.String");
    lNameColumn.ColumnName = "LName";
    namesTable.Columns.Add(lNameColumn);
    //创建一个列数组并将其设置为表的主键
    DataColumn [] keys = new DataColumn [1];
    keys[0] = idColumn;
    namesTable.PrimaryKey = keys;
    //返回一个新的表对象
    return namesTable;
}
```

代码中使用多个 DataColumn 对象创建 DataTable 对象的数据结构。

3. DataRow 对象

DataRow 对象用来表示 DataTable 中单独的一条记录。每一条记录都包含多个字段，DataRow 对象用 Item 属性表示这些字段，Item 属性后加索引值或字段名可以表示一个字段的内容。DataRow 对象常用的属性如表 6-8 所示。

表 6-8 DataRow 对象常用属性

属　　性	说　　明
Item	表示 DataRow 的指定列中存储的值
RowState	表示行的当前状态
Table	表示用于创建 DataRow 的 DataTable 的名称

DataRow 对象常用的方法如表 6-9 所示。

表 6-9 DataRow 对象常用方法

方　　法	说　　明
AcceptChanges()	用于提交自上次调用了 AcceptChanges()之后对该行所做的所有修改
Delete()	用于删除 DataRow
RejectChanges()	用于拒绝自上次调用了 AcceptChanges()之后对 DataRow 所做的所有修改

请看下面的使用示例代码：

```
private void CreateNewDataRow()
{
    // 使用 MakeTable()函数创建一个新表
    DataTable table;
    table = MakeNamesTable();
    // 在新表中创建一个新行
    DataRow row;
    row = table.NewRow();
    //将新行添加到表数据行集合 Rows 中
    row["fName"] = "John";
    row["lName"] = "Smith";
    table.Rows.Add(row);
    foreach(DataColumn column in table.Columns)
        Console.WriteLine(column.ColumnName);
    dataGrid1.DataSource=table;
}
```

从代码中可以看出，是在 DataTable 对象中新建 DataRow 对象，利用的是 DataTable 对象的 NewRow ()方法。

4．如何定义 Datatable 的主键

根据数据库基本理论，所谓表中的主键用于对记录行进行唯一标识的属性或者属性集合的统称，同样 DataTable 的主键属性接受含有一个或多个 DataColumn 对象的数组。

设置单个列为 DataTable 的主键，请看下面的使用示例代码：

```
//创建一个列数组并将其设置为表的主键
DataColumn [] keys = new DataColumn [1];
keys[0] = idColumn;
namesTable.PrimaryKey = keys;
```

代码中将表 namesTable 的"id"列作为表的主键。

5. DataTable 的约束

所谓关系型数据库的约束，实际是数据库理论中 3 个参照完整性的规定：实体完整性（主属性非空唯一性），参照完整性（外键可以为空，一旦添加数据则必须受制于主表的主键约束）和用户定义完整性（用户自行规定的属性规则）。DataTable 对象的属性 Constraints 用来进行对关系型数据表进行约束，可以包含若干 Constraint 对象，每个 Constraint 对象是这个 DataTable 对象的一个约束。约束的作用是维护数据的正确性和有效性。主要体现在两个方面，如图 6-5 所示。

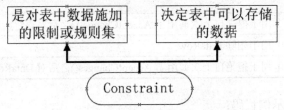

图 6-5　应用程序中约束的作用体现图

在 ADO.NET 中，DataTable 对象使用的约束主要分为：外键约束和唯一性约束，如图 6-6 所示。

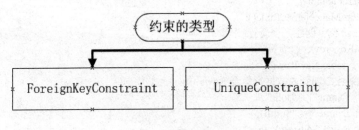

图 6-6　约束的分类

其中，ForeignKeyConstraint 表示删除或更新某个值或行时，对主键/外键关系中一组列强制进行的操作限制。UniqueConstraint 表示对一组列的限制，列中的所有值必须是唯一的。

6. DataView 对象

DataView 对象能够创建 DataTabel 中所存储数据的不同视图，用于对 DataSet 中的数据进行排序、过滤和查询等操作。

DataView 对象常用的方法和属性参见表 6-10 和表 6-11 所示。

表 6-10 DataView 对象常用属性

属 性	说 明
Item	用于从指定的表中获取一行数据
RowFilter	用于获取或设置表达式，该表达式用于筛选可以在 DataView 中查看的行
RowStateFilter	用于获取 DataView 的行状态筛选器

表 6-11 DataView 对象常用方法

方 法	说 明
AddNew()	向 DataView 添加新行
Delete()	用于删除指定索引处的行

请看下面的使用示例代码：

```
DataView NamesView = new DataView(Names);
NamesView.RowFilter = " fName = 'John' ";
for (int ctr = 0; ctr < NamesView.Count; ctr++)
{
    MessageBox.Show(objStudentView[ctr][" lName "].ToString());
}
```

在上面的代码中，创建了 DataView 对象并对该视图应用某种筛选器。得到的 DataView 对象可能是 Names 表的一个子集，范围是 fName 字段值等于 'John' 的所有信息记录。后续代码可以对这个 DataView 对象里的数据进行访问或者数据绑定。

DataView 对象的创建是通过构造函数实例化的。DataView 类的构造函数有 3 个重载，参见表 6-12 所示。

表 6-12 DataView 类的构造函数重载

名 称	说 明
DataView()	初始化 DataView 类的新实例
DataView(DataTable)	用指定的 DataTable 初始化 DataView 类的新实例
DataView(DataTable, String, String, DataViewRowState)	用指定的 DataTable、RowFilter、Sort 和 DataViewRowState 初始化 DataView 类的新实例

请看下面的使用示例代码：

```
private void MakeDataView()
{
    DataView view = new DataView();
    view.Table = DataSet1.Tables["Suppliers"];
    view.AllowDelete = true;
    view.AllowEdit = true;
    view.AllowNew = true;
    view.RowFilter = "City = 'Berlin'";
    view.RowStateFilter = DataViewRowState.ModifiedCurrent;
```

```
view.Sort = "CompanyName DESC";
//简单绑定到一个 TextBox 控件上
Text1.DataBindings.Add("Text", view, "CompanyName");
}
```

代码中用的是第一种构造函数实例化一个 DataView 对象，实例化后仍然需要为 DataView 对象指定数据表和 RowFilter、Sort 和 RowStateFilter 等属性。但如果用第三种构造函数实例化，在后续代码中就不需要设置上述属性。

DataView 的一个主要功能是允许在 Windows 窗体和 Web 窗体上进行数据绑定。

另外，可自定义 DataView 来表示 DataTable 中数据的子集。此功能让你拥有绑定到同一 DataTable、但显示不同数据版本的两个控件。例如，一个控件可能绑定到显示表中所有行的 DataView，而另一个控件可能配置为只显示已从 DataTable 删除的行。DataTable 也具有 DefaultView 属性，它返回表的默认 DataView。例如，如果希望在表上创建自定义视图，请在 DefaultView 返回的 DataView 上设置 RowFilter。

若要创建数据的筛选和排序视图，请设置 RowFilter 和 Sort 属性，然后使用 Item 属性返回单个 DataRowView。你还可使用 AddNew()和 Delete()方法从行的集合中进行添加和删除，而在使用这些方法时，可设置 RowStateFilter 属性，以便指定只有已被删除的行或新行才可由 DataView 显示。

6.1.3 DataAdapter 对象

前面的章节提到客户端应用程序去访问 DataSet 对象中的数据。那么，如何将数据库的数据放在 DataSet 中？这就需要利用 DataAdapter 对象来实现这个功能。DataAdapter 对象充当 DataSet 对象和数据源之间用于检索和保存数据的桥梁，如图 6-7 所示。DataAdapter 类代表用于填充 DataSet 以及更新数据源的一组数据库命令和一个数据库连接。

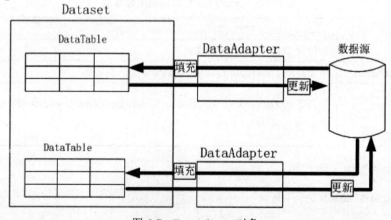

图 6-7　DataAdapter 对象

从图 6-8 中可以看出，DataAdapter 对象起到一个在数据库和 DataSet 数据集之间运输数据的作用。可以用生活案例进行类比，如图 6-8 所示。

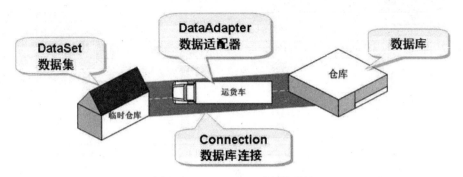

图 6-8 DataAdapter 对象的类比

类比关系如下。
- 仓库：数据库；
- 临时仓库：数据集；
- 仓库与临时仓库之间的路：数据库连接；
- 运货车：数据适配器。

从类比关系中可以看出，DataAdapter 数据适配器就像大货车一样，可以将数据从数据库这个大仓库运输到 DataSet 数据集这个临时仓库。也可以把数据从数据库这个 DataSet 数据集的临时仓库运输到大仓库。不过有一点要说明：生活中的仓库里的货物被运走了，就没有了，但数据库里的数据被传输到客户端时，数据不会消失。这是信息世界与现实世界的不同。

1. DataAdapter 对象概述

DataAdapter 数据适配器用于在数据源和数据集之间交换数据。在许多应用程序中，这意味着从数据库将数据读入数据集，然后从数据集将已更改的数据写回数据库。通常 DataAdapter 数据适配器是可以配置的，允许指定哪些数据移入或移出数据集。经常采用的形式是对 SQL 语句或存储过程的引用，这些语句或存储过程被调用时即可实现对数据库进行读写。

每个数据适配器 DataAdapter 都将在单个数据源表和数据集内的单个 DataTable 对象之间交换数据。如果数据集包含多个数据表，通常的策略是令多个数据适配器向数据集提供数据，并将其数据写回各个数据源表。

DataAdapter 对象表示一组数据命令和一个数据库连接，用于填充 DataSet 对象和更新数据源。作为 DataSet 对象和数据源之间的桥接器，通过映射 Fill()方法向 DataSet 填充数据，通过 Update()方法向数据库更新 DataSet 对象中的变化。这些操作实际上是由 DataAdapter 对象包含的 Select、Update、Insert、Delete 这 4 种 Command 命名对象实现的。也可以直接结合 Command 对象的使用来完成数据的操作。DataAdapter 对象的工作原理如图 6-9 所示。

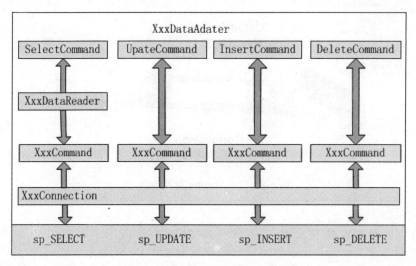

图 6-9　DataAdapter 对象的工作原理

在客户端应用程序需要处理数据源的数据时，客户端应用程序与数据源之间建立连接。引用数据命令的 DataAdapter 对象向数据源发送数据命令请求，这个请求是执行 DataAdapter 对象的 Fill()方法来完成"填充"操作时发送并被数据源执行的。数据源的数据就会填充到客户端的 DataSet 对象，在 DataSet 对象内部形成具有跟数据源数据结构一致的数据表 DataTable 对象，而 DataTable 对象内部有包含表示数据结构的 DataColumn 对象集合和表示数据约束的 Constraint 对象集合，还含有表示数据记录的 DataRow 对象的集合。数据以及数据结构填充到 DataSet 对象后，DataSet 数据集相当于一个脱机数据库，客户端应用程序操作的数据完全从 DataSet 数据集中获取。这时客户端 DataSet 数据集与数据源之间可以断开连接，也就是说它们之间的关系是非永久连接关系。只有客户端完成数据操作需要将数据回传给数据源时，再次建立连接。由 DataAdapter 对象再次向数据源发送数据命令请求，这个请求是执行 DataAdapter 对象的 Update()方法来完成"更新"操作时发送并被数据源执行的。执行后，连接再次断开。.NET 提供程序及其 DataAdapter 类，如表 6-13 所示。

表 6-13　各个命名空间中的 DataAdapter 对象

提 供 程 序	DataAdapter 类
SQL 数据提供程序	SqlDataAdapter
OLE DB 数据提供程序	OleDbDataAdapter
Oracle 数据提供程序	OracleDataAdapter
ODBC 数据提供程序	OdbcDataAdapter

2. DataAdapter 对象使用

（1）DataAdapter 对象的属性和方法

DataAdapter 对象常用的方法和属性参见表 6-14 和表 6-15 所示。

表 6-14　DataAdapter 对象常用属性

属　　性	说　　明
AcceptChangesDuringFill	决定在把行复制到 DataTable 中时对行所做的修改是否可以接受
TableMappings	容纳一个集合，该集合提供返回行和数据集之间的主映射，该对象决定了数据表中的列与数据源之间的关系。默认值是一个空集合
SelectCommand	设置或获取从数据库中选择数据的 SQL 语句与存储过程
InsertCommand	设置或获取从数据库中插入新记录的 SQL 语句与存储过程
UpdateCommand	设置或获取更新数据源中记录的 SQL 语句与存储过程
DeleteCommand	设置或获取从数据库中删除记录的 SQL 语句与存储过程

表 6-15　DataAdapter 对象常用方法

方　　法	说　　明
DataAdapter()	DataAdapter 的无参数构造函数，需要通过属性指明向数据发出的命令
DataAdapter(SqlCommand selectCommand)	DataAdapter 的带命令对象的构造函数，需要传递已存在的命令对象
DataAdapter(string selectCommndText,SqlConnection con)	DataAdapter 的带参构造函数，selectCommndText 为 select 语句或存储过程，con 为连接对象
DataAdapter(string selectCommndText,string sqlconnectionstring)	DataAdapter 的带参构造函数，selectCommndText 为 select 语句或存储过程，sqlconnectionstring 为连接字符串
Fill()	用于添加或刷新数据集，以便使数据集与数据源匹配
FillSchema()	用于在数据集中添加 DataTable，以便与数据源的结构匹配
Update()	将 DataSet 里的数值存储到数据库服务器上

请看下面的使用示例代码：

```
private void Form1_Load(object sender, EventArgs e)
{
    string connstring = "Data Source=(local);Initial Catalog=NoteTaking;Integrated Security=sspi";
    SqlConnection connection = new SqlConnection(connstring);
    connection.Open();
    string sqlstring = "select * from IncomeExpendType";
    SqlCommand mycom = new SqlCommand(sqlstring, connection);
    SqlDataAdapter adapter = new SqlDataAdapter();
    adapter.SelectCommand = mycom;
    //创建 DataSet 对象
    DataSet Newds = new DataSet();
//通过 SqlDataAdapter 对象填充 DataSet 对象
    adapter.Fill(Newds, "IncomeExpendType");
    //修改数据集 Newds 的代码
    connection.Close();
    DataRow dr = Newds.Tables["IncomeExpendType"].NewRow();
```

```
            dr["IncomeExpendTypeId"] = 27;
            dr["TypeName"] = "收入";
            dr["IncomeExpendTypeName"] = "满勤奖";
            dr["Remark"] = "这是对工作的鼓励,加油";
            Newds.Tables["IncomeExpendType"].Rows.Add(dr);
            //创建 CommandBuilder 对象,为适配器自动生成更新需要的相关命令,不用手动一个一个
            地写,简化操作
              connection.Open();
              SqlCommandBuilder scb = new SqlCommandBuilder(adapter);
              adapter.Update(Newds.Tables["IncomeExpendType"]);
              connection.Close();
        }
```

代码示例中,首先利用 adapter.Fill()将数据从数据源填充到数据集 dataSet;最后又利用 adapter.Update()将数据集 dataSet 中的数据回传至数据源。

(2) DataAdapter 对象的创建

通过 DataAdapter 对象的 4 个重载函数,有下面 4 种方法创建 DataAdapter 对象。

方法 1:

```
SqlDataAdapter adapter = new SqlDataAdapter();
adapter.SelectCommand = mycom;
```

方法 2:

```
SqlDataAdapter adapter = new SqlDataAdapter(mycom);
```

方法 3:

```
string sqlstring = "select * from IncomeExpendType";
SqlDataAdapter adapter = new SqlDataAdapter(sqlstring, connection);
```

方法 4:

```
string sqlstring = "select * from IncomeExpendType";
SqlDataAdapter adapter = new SqlDataAdapter(sqlstring, connstring);
```

(3) 如何填充数据集

可以通过 DataAdapter 对象填充数据集对象 DataSet,使用 DataAdapter 对象填充数据集分为两步:

① 使用 Connection 连接数据源。

SqlDataAdapter 对象名=new SqlDataAdapter (查询用 SQL 语句,数据库连接);

② 使用 Fill()方法填充 DataSet 中的表。

SqlDataAdapter 对象.Fill(数据集,"数据表名称字符串");

(4) 如何将 DataSet 数据集中的数据更新到数据源

把数据集中修改过的数据提交给数据源,需要使用 Update()方法,更新方法的使用如下:

SqlDataAdapter 对象.Update(DataSet,数据表名称);

在调用 Update()方法更新前,要先设置更新需要的相关命令,需要使用 SqlCommand-Builder 对象,并且需要更新的数据表必须设置了主键。这里只是应用了最简单的 Update()

一个表，通过 SqlCommandBuilder 对象自动生成更新需要的相关命令，不用手动一个一个地写，简化了操作。

6.1.4 DataGridView 控件

DataGridView 是用于 Windows Form 2.0 的新网格控件。它可以取代先前版本中 DataGrid 控件，易于使用并高度可定制，支持很多用户需要的特性。

1. DataGridView 概述

通过 DataGridView 控件可以显示和编辑表格式的数据，而这些数据可以取自多种不同类型的数据源。

DataGridView 控件具有很高的的可配置性和可扩展性，提供了大量的属性、方法和事件，可以用来对该控件的外观和行为进行自定义。当需要在 WinForm 应用程序中显示表格式数据时，可以优先考虑 DataGridView（相比于 DataGrid 等其他控件）。如果要在小型网格中显示只读数据，或者允许用户编辑数以百万计的记录，DataGridView 将提供一个易于编程和良好性能的解决方案。

DataGridView 用来替换先前版本中的 DataGrid，拥有较 DataGrid 更多的功能；但 DataGrid 仍然得到保留，以备向后兼容和将来使用。如果要在两者中选择，可以参考下面给出的 DataGrid 和 DataGridView 之间区别的细节信息。

（1）DataGridView 和 DataGrid 之间的区别

DataGridView 提供了大量的 DataGrid 所不具备的基本功能和高级功能。此外，DataGridView 的结构使得它较之 DataGrid 控件更容易扩展和自定义。

如表 6-16 描述了 DataGridView 提供而 DataGrid 未提供的几个主要功能。

表 6-16 DataGridView 提供的主要功能

DataGridView 功能	描 述
多种列类型	与 DataGrid 相比，DataGridView 提供了更多的内置列类型。这些列类型能够满足大部分常见需求，而且比 DataGrid 中的列类型易于扩展或替换
多种数据显示方式	DataGrid 仅限于显示外部数据源的数据。而 DataGridView 则能够显示非绑定的数据、绑定的数据源，或者同时显示绑定和非绑定的数据。也可以在 DataGridView 中实现 virtual mode，实现自定义的数据管理
用于自定义数据显示的多种方式	DataGridView 提供了很多属性和事件，用于数据的格式化和显示。比如，可以根据单元格、行和列的内容改变其外观，或者使用一种类型的数据替代另一种类型的数据
用于更改单元格、行、列、表头外观和行为的多个选项	DataGridView 能够以多种方式操作单个网格组件。比如，可以冻结行和列，避免它们因滚动而不可见；隐藏行、列、表头；改变行、列、表头尺寸的调整方式；为单个的单元格、行和列提供工具提示（ToolTip）和快捷菜单

唯一的一个 DataGrid 提供而 DataGridView 未提供的特性是两个相关表中数据的分层次显示（比如常见的主从表显示）。必须使用两个 DataGridView 来显示具有主从关系的两个

表的数据。

（2）DataGridView 的亮点

如表 6-17 详细列出了 DataGridView 的主要特性。

表 6-17　DataGridView 控件的特性

DataGridView 控件特性	描　　述
多种列类型	DataGridView 提供有 TextBox、CheckBox、Image、Button、ComboBox 和 Link 类型的列及相应的单元格类型
多种数据显示方式	DataGrid 仅限于显示外部数据源的数据。而 DataGridView 则能够显示非绑定的数据，绑定的数据源，或者同时显示绑定和非绑定的数据。也可以在 DataGridView 中实现 virtual mode，实现自定义的数据管理
自定义数据的显示和操作的多种方式	DataGridView 提供了很多属性和事件，用于数据的格式化和显示 此外，DataGridView 提供了操作数据的多种方式，例如： ● 对数据排序，并显示相应的排序符号（带方向的箭头表示升降序） ● 行、列和单元格的多种选择模式；多项选择和单项选择 ● 以多种格式将数据复制到剪贴板，包括 text、CSV（以逗号隔开的值）和 HTML ● 改变用户编辑单元格内容的方式
用于更改单元格、行、列、表头外观和行为的多个选项	DataGridView 能够以多种方式操作单个网格组件，例如： ● 冻结行和列，避免它们因滚动而不可见 ● 隐藏行、列、表头 ● 改变行、列、表头尺寸的调整方式 ● 改变用户对行、列、单元格的选择模式 ● 为单个的单元格、行和列提供工具提示（ToolTip）和快捷菜单 ● 自定义单元格、行和列的边框样式
提供丰富的可扩展性支持	DataGridView 提供易于对网格进行扩展和自定义的基础结构，比如： ● 处理自定义的绘制事件可以为单元格、列和行提供自定义的观感 ● 继承一个内置的单元格类型以为其提供更多的行为 ● 实现自定义的接口以提供新的编辑体验

2．基本数据绑定

熟悉 DataGridView 的最佳方法就是实际尝试一下，无须配置任何属性。就像 DataGrid 一样，可以使用 DataSource 属性来绑定 DataTable 对象（或从 DataTable 派生的对象）。

```
DataSet ds = new DataSet();
DataGridView1.DataSource = ds.Tables("Customers");
```

与 DataGrid 不同的是，DataGridView 一次只能显示一个表。如果绑定整个 DataSet，则不会显示任何数据，除非使用要显示的表名设置了 DataMember 属性。

```
DataGridView1.DataSource = ds;
```

DataGridView1.DataMember = "Customers";

基本的 DataGridView 显示遵循以下几项简单的规则：

（1）为数据源中的每个字段创建一列。

（2）使用字段名称创建列标题。列标题是固定的，这意味着用户在列表中向下移动时列标题不会滚动出视图。

（3）支持 Windows XP 视觉样式。用户会注意到列标题具有新式的平面外观，并且当将鼠标移到其上时会突出显示。

DataGridView 还包括下面几个可能不会立即注意到的默认行为：

❑ 允许就地编辑。用户可以在单元格中双击或按 F2 键来修改当前值。唯一的例外是将 DataColumn.ReadOnly 设置为 True 的字段。

❑ 支持自动排序。用户可以在列标题中单击一次或两次，基于该字段中的值按升序或降序对值进行排序。默认情况下，排序时会考虑数据类型并按字母或数字顺序进行排序。字母顺序区分大小写。

❑ 允许不同类型的选择。用户可以通过单击并拖动来突出显示一个单元格、多个单元格或多个行。单击 DataGridView 左上角的方块，可以选择整个表。

❑ 支持自动调整大小功能。用户可以在标题之间的列分隔符上双击，使左边的列自动按照单元格的内容展开或收缩。

6.1.5 BindingSource 类

BindingSource 类是数据源和控件间的一座桥，同时提供了大量的 API 和 Event 以供使用。BindingSource 类负责包装一个数据源并通过它自己的对象模型来暴露该数据源。BindingSource 类的在界面和数据库之间的关系如图 6-10 所示。

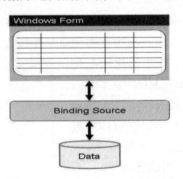

图 6-10 BindingSource 类的位置

BindingSource 类的主要属性如表 6-18 所示。

表 6-18 BindingSource 常用属性

属性名称	说明
AllowEdit	获取一个值，该值指示是否可以编辑基础列表中的项
AllowNew	获取或设置一个值，该值指示是否可以使用 AddNew()方法向列表中添加项

续表

属 性 名 称	说　明
AllowRemove	获取一个值，它指示是否可从基础列表中移除项
Count	从基础列表中获取的项的数目
Current	获取列表中的当前项
DataMember	获取或设置连接器当前绑定到的数据源中的特定列表
DataSource	获取或设置连接器绑定到的数据源
Filter	获取或设置用于筛选查看哪些行的表达式
IsReadOnly	获取一个值，该值指示基础列表是否为只读
IsSorted	获取一个值，该值指示是否可以对基础列表中的项排序
Item	获取或设置指定索引处的列表元素
List	获取连接器绑定到的列表
Position	获取或设置基础列表中当前项的索引
Sort	获取或设置用于排序的列名称以及用于查看数据源中的行的排序顺序
SortDirection	获取列表中项的排序方向
SupportsAdvancedSorting	获取一个值，它指示数据源是否支持多列排序
SupportsChangeNotification	获取一个值，它指示数据源是否支持更改通知
SupportsFiltering	获取一个值，该值指示数据源是否支持筛选
SupportsSearching	获取一个值，它指示数据源是否支持使用 Find()方法进行搜索
SupportsSorting	获取一个值，它指示数据源是否支持排序

6.1.6　BindingNavigator 控件

BindingNavigator 控件是绑定到数据的控件的导航和操作用户界面(UI)。使用 BindingNavigator 控件，用户可以在 Windows 窗体中导航和操作数据。

可使用 BindingNavigator 控件创建标准化方法，以供用户搜索和更改 Windows 窗体中的数据。通常将 BindingNavigator 与 BindingSource 组件一起使用，这样用户可以在窗体的数据记录之间移动并与这些记录进行交互。

BindingNavigator 控件由 ToolStrip 和一系列 ToolStripItem 对象组成，完成大多数常见的与数据相关的操作，如添加数据、删除数据和定位数据。默认情况下，BindingNavigator 控件包含这些标准按钮，如图 6-11 所示。

BindingNavigator 控件中各按钮的名称及其功能描述如表 6-19 所示。

图 6-11　BindingNavigator 的按钮

项目6 收支记账管理功能实现

表 6-19 BindingNavigator 控件中的按钮

按 钮 名 称	功　　能
AddNewItem 按钮	将新行插入到基础数据源
DeleteItem 按钮	从基础数据源删除当前行
MoveFirstItem 按钮	移动到基础数据源的第一项
MoveLastItem 按钮	移动到基础数据源的最后一项
MoveNextItem 按钮	移动到基础数据源的下一项
MovePreviousItem 按钮	移动到基础数据源的上一项
PositionItem 文本框	返回基础数据源内的当前位置
CountItem 文本框	返回基础数据源内总的项数

任务实现

步骤1　在项目 NoteTaking 中添加窗体，命名为"Form1"。

步骤2　在窗体中添加控件并设置其属性，设置各控件的属性如表 6-20 所示，界面如图 6-12 所示。

表 6-20　收支记账详细信息导航各控件属性表

控 件 类 型	属 性 名 称	属 性 值
Form	Name	Form1
	Text	Form1
	Size	544, 439
BindSource	Name	bindSource1
BindingNavigator	Name	bindingNavigator1
DataGridView	Name	dataGridView1
TextBox	Name	textBox1
	Text	
TextBox	Name	textBox2
	Text	
TextBox	Name	textBox3
	Text	
TextBox	Name	textBox4
	Text	

界面设计如图 6-12 所示。

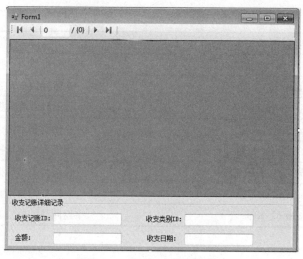

图 6-12 收支记账详情导航

步骤 3 程序实现代码如下：

```csharp
SqlConnection con;
SqlDataAdapter sda;
SqlCommandBuilder scb;
DataSet ds;
public void databind(object sender, EventArgs e)
{
    con = new SqlConnection("data source=.;database=NoteTaking;integrated security=sspi");
    con.Open();
    string strsql = "select IncomeExpendDetID,IncomeExpendTypeId,AccountMoney,IEDatetime
        from IncomeExpendDet";
    sda = new SqlDataAdapter(strsql, con);
    scb = new SqlCommandBuilder(sda);
    ds = new DataSet();
    sda.Fill(ds, "IncomeExpendDet");
    bindingSource1.DataSource = ds.Tables["IncomeExpendDet"];
    bindingNavigator1.BindingSource = bindingSource1;
    dataGridView1.DataSource = bindingSource1;
    con.Close();
}
private void cellclick()
{
    DataGridViewRow dgvr = dataGridView1.SelectedRows[0];
    textBox1.Text = dgvr.Cells[0].Value.ToString();
    textBox2.Text = dgvr.Cells[1].Value.ToString();
    textBox3.Text = dgvr.Cells[2].Value.ToString();
    textBox4.Text = dgvr.Cells[3].Value.ToString();
}
private void Form1_Load(object sender, EventArgs e)
{
    databind(sender, e);
    cellclick();
```

```
    }
    private void dataGridView1_CellClick(object sender, DataGridViewCellEventArgs e)
    {
        cellclick();
    }
```

步骤 4　选择"调试"→"启动调试"命令运行应用程序，结果如图 6-13 所示。

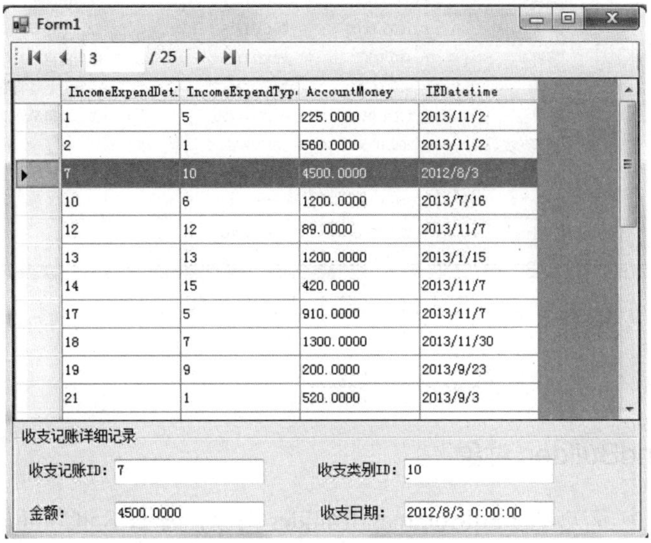

图 6-13　运行效果

任务 6.2　收支记账信息编辑功能实现

学习目标

- 掌握 CommandBuilder 对象的使用；
- 掌握在 DataGridView 控件中插入、更新和删除数据；
- 掌握定制 DataGridView 界面；
- 掌握 DateTimePicker 控件的使用。

任务描述

收支记账信息编辑功能是方便用户对自己的账目信息进行添加、修改、删除账目信息等操作。本任务通过 DataSet 对象、DataApdater 对象、CommandBuilder 对象、DataGridView 控件、DateTimePicker 控件实现账目信息的添加、修改、删除功能。运行效果如图 6-14 所示。

图 6-14 编辑收支记账信息

技术要点

6.2.1 CommandBuilder 对象

前面示例代码中多次遇到 SqlCommandBuilder 对象，那么 SqlCommandBuilder 对象的用途是什么呢？SqlCommandBuilder 对象自动生成针对单个表的命令，用于将对 DataSet 所做的更改与关联的 SQL Server 数据库的更改相协调。基于适配器 SqlDataAdapter 的 SELECT 语句使用 SqlCommandBuilder 对象自动在数据适配器 SqlDataAdapter 中创建其他命令。

利用 SqlCommandBuilder 对象能够自动生成 INSERT 命令、UPDATE 命令、DELETE 命令；在下面 3 种情况下需要使用 SqlCommandBuilder 对象：

（1）需要缓存的时候，比如在一个商品选择界面，选择好商品并且进行编辑/删除/更新后，最后一并交给数据库而不是每一步操作都访问数据库，因为客户选择商品可能进行 n 次编辑/删除/更新操作，如果每次都提交，不但容易引起数据库冲突引发错误，而且当数据量很大时在用户执行效率上也变得有些慢。

（2）有的界面要求一定用缓存实现，确认之前的操作不提交到库，单击页面提交的按钮时才提交商品选择信息和商品的其他信息。

（3）有些情况下只向数据库里更新数据不读取。也就是说没有从数据库里读数据，SqlDataAdapter 也就不知道更新哪张表了，调用 Update 就很可能会出错，这样的情况下可以用 SqlCommandBuilder。

提示

（1）只能更新一个表，不能更新两个或两个以上相关联的表。
（2）表中必须有主键。
（3）更新的表中字段不能有 image 类型。

项目 6　收支记账管理功能实现

【例 6-1】使用断开式数据访问实现对数据库的插入、修改和删除操作。

【实例说明】本示例程序使用 DataSet、SQLDataAdapter、SQLCommandBuilder 对象实现可以添加、修改、删除收支分类信息的功能。

【实现过程】

（1）创建一个 C#的 Windows 应用程序，项目名称为 Eg6-1。

（2）在窗体上添加各控件，设置各控件的属性，如表 6-21 所示，界面如图 6-15 所示。

表 6-21　控件的属性

控 件 类 型	属 性 名 称	属 性 值
Form1	Name	Form1
	Text	数据更新
	Size	498，421
Button1	Name	btnUpdate
	Text	更新
Button1	Name	btnDelete
	Text	删除
DataGridView1	Name	dgvDisplay

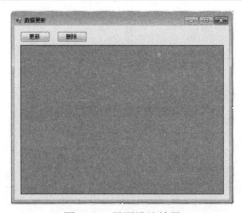

图 6-15　界面设计效果

（3）程序实现代码如下：

```
private SqlConnection mycon;
private SqlDataAdapter myada;
private SqlCommand mycomd;
private SqlCommandBuilder mycbd;
private DataSet myset;
private void Form1_Load(object sender, EventArgs e)
{
    string connstring = "Data Source=(local);Initial Catalog=NoteTaking;Integrated Security=sspi";
    mycon = new SqlConnection(connstring);
    mycon.Open();
    string sqlstring = "select top 10 IncomeExpendTypeId as 类别 ID,TypeName as 分
```

```csharp
                    类,IncomeExpendTypeName as 类别名称,Remark as 说明 from dbo.IncomeExpendType";
            mycomd = new SqlCommand(sqlstring, mycon);
            myada = new SqlDataAdapter();
            myada.SelectCommand = mycomd;
            mycbd = new SqlCommandBuilder(myada);
            //创建 DataSet 对象
            myset = new DataSet();
            //通过 SqlDataAdapter 对象填充 DataSet 对象
            myada.Fill(myset, "IncomeExpendType");
            mycon.Close();
            dgvDisplay.DataSource = myset.Tables["IncomeExpendType"];
        }
        //为更新按钮添加单击事件
        private void btnDataset_Click(object sender, EventArgs e)
        {
            try
            {
                //将更改的数据更新到数据表里
                mycon.Open();
                myada.Update(myset.Tables["IncomeExpendType"].GetChanges());
                MessageBox.Show("数据库修改成功", "成功信息");
                //DataTable 接受更改，以便为下一次更改作准备
                myset.Tables["IncomeExpendType"].AcceptChanges();
            }
            catch (SqlException ex)
            {
                MessageBox.Show(ex.ToString());
            }
            mycon.Close();
        }
        //为删除按钮添加单击事件
        private void btnDelete_Click(object sender, EventArgs e)
        {
            if (MessageBox.Show("确定要删除当前行数据？", "", MessageBoxButtons.OKCancel) ==
                DialogResult.OK)
            {
                try
                {
                    //从 DataTable 中删除当前选中的行
                    myset.Tables[0].Rows[dgvDisplay.CurrentRow.Index].Delete();
                    //将更改的数据更新到数据表里
                    mycon.Open();
                    myada.Update(myset.Tables[0].GetChanges());
                    MessageBox.Show("数据删除成功！");
                    //DataTable 接受更改，以便为下一次更改作准备
                    myset.Tables[0].AcceptChanges();
                }
                catch (SqlException ex)
                {
                    MessageBox.Show(ex.ToString());
                }
```

```
                }
                else
                {
                    //取消对 DataTable 的更改
                    myset.Tables[0].RejectChanges();
                }
                mycon.Close();
            }
```

（4）程序运行效果如图 6-16 所示。

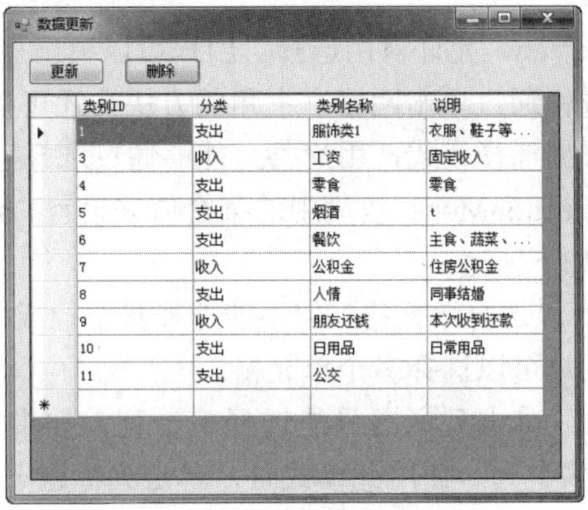

图 6-16 程序运行效果

6.2.2 定制 DataGridView 界面

1. 美化 DataGridView

DataGridView 的默认外观仅仅比 DataGrid 略有改进，但是使用几项快速调整功能可以将其显著改进。其中的一个问题就是列无法自动展开以适合其包含的数据。可以使用 DataGridView.AutoSizeColumns()方法以及 DataGridViewAutoSizeColumnCriteria 枚举中的某个值来解决此问题。可以选择根据标题文本、当前显示的行或表中的所有行的宽度来调整列宽。

根据标题或此列的某一行中最长一段文本的宽度调整列宽：

DataGridView1.AutoSizeColumns(DataGridViewAutoSizeColumnCriteria.HeaderAndRows);

提示

> 此方法必须在绑定数据后调用，否则不会产生任何效果，可能还需要在用户编辑数据后使用它(可能在响应 DataGridView.CellValueChanged 等事件时)。

如果不增加列宽，则可以更改行高。默认情况下，列中的文本会跨越多行。如果使用 DataGridView.AutoSizeRows()方法，则行会根据其中的内容调整高度。使用此方法前，可能希望增加列宽，尤其是在字段包含大量文本时。例如，以下代码片段使"说明"列的列宽增加为原列宽的 4 倍，然后调整行高以容纳其内容。

```
DataGridView.Columns("Description").Width *= 4;
DataGridView.AutoSizeRows(DataGridViewAutoSizeRowsMode.HeaderAndColumnsAllRows);
```

另一个合理的更改是清理每一列中显示的标题文本。例如，标题 Order Date 比字段名称 OrderDate 看上去更为专业。这项更改很容易进行。只需从 DataGridView.Columns 集合中检索相应的 DataGridViewColumn，并修改其 HeaderText 属性：

```
DataGridView.Columns("OrderDate ").HeaderText = " Order Date ";
```

2. 使用 DataGridView 选择单元格

默认情况下，DataGridView 允许自由选择。用户可以突出显示单元格或单元格组，可以一次突出显示所有单元格（通过单击网格右上角的方块），还可以突出显示一行或多行（通过在行标题列中单击）。根据选择模式，用户甚至能够通过选择列标题来选择一列或多列。通过使用 DataGridViewSelectionMode 枚举中的某个值来设置 DataGridView.SelectionMode 属性，可以控制此行为，如下所述。

（1）CellSelect：用户可以选择单元格，但不能选择整个行或标题。如果 DataGridView.MultiSelect 为 True，则用户可以选择多个单元格。

（2）FullColumnSelect：单击列标题只能选择整个列。如果 DataGridView.MultiSelect 为 True，则用户可以选择多个列。使用此模式时，单击列标题不会对网格进行排序。

（3）FullRowSelect：单击行标题只能选择整个行。如果 DataGridView.MultiSelect 为 True，则用户可以选择多个行。

（4）ColumnHeaderSelect：用户可以使用 CellSelect 或 FullColumnSelect 选择模式。使用此模式时，单击列标题不会对网格进行排序。

（5）RowHeaderSelect：用户可以使用 CellSelect 或 FullRowSelect 选择模式。这是默认的选择模式。

通过 DataGridView，可以使用以下 3 个属性方便地检索选定的单元格：SelectedCells、SelectedRows 和 SelectedColumns。无论使用的是哪种选择模式，SelectedCells 都始终返回 DataGridViewCell 对象的集合。另一方面，如果使用行标题选择了整个行，则 SelectedRows 只返回信息，如果使用列标题选择了整个列，则 SelectedColumns 也只返回信息。

例如，以下代码片段将检查选定的整个行。只要找到一行，就会在消息框中显示 CustomerID 列中的相应值：

```
foreach (DataGridViewRow  SelectedRow  in  DataGridView1.SelectedRows)
MessageBox.Show( SelectedRow.Cells("CustomerID").Value);
```

使用 CurrentCell 或 CurrentCellAddress 属性检索对当前单元格的引用也同样简单。使用 DataGridView 时，当前单元格被一个矩形围住，看起来像是一个用黑色虚线绘制的方框，这就是用户当前所在的位置。

CurrentCellAddress 属性是只读的，但是可以使用 CurrentCell 以编程方式更改当前位置，如移至第 11 行的第 4 个单元格，代码如下：

```
DataGridView.CurrentCell = DataGridView.Rows(10) Cells（3）;
```

3. 列/单元格类型揭密(column/cell types)

DataGridView 控件提供了几种列类型用以显示数据，并允许用户修改和添加数据。

当对 DataGridView 进行绑定，并将其 AutoGenerateColumns 属性设置为 True 时，其会根据数据源中列的数据类型自动生成列，这些列都使用相应的默认类型(与数据源列数据类型相适应)。

也可以自行创建列的实例，将它们加入 DataGridView 的 Columns 集合中，这些列可用作非绑定列，也可以以手动方式让它们用于绑定数据。手动绑定的列非常有用，例如，自动生成的列都采用与数据源的列相应的默认类型，而不用默认列类型。

如表 6-22 所示为 DataGridView 的各种列对应的类。

表 6-22 DataGridView 列类型

列 类 型	描 述
DataGridViewTextBoxColumn	用于基于文本的值。绑定到数字和字符串值时会自动生成这种类型的列
DataGridViewCheckBoxColumn	用于显示 Boolean 和 CheckState 类型的值，绑定到上述类型值时会自动生成这种类型的列
DataGridViewImageColumn	用于显示图像。绑定到 byte 数组、Image 对象、图标对象时自动生成这种类型的列
DataGridViewButtonColumn	用于在单元格内显示按钮。在绑定时不会自动生成，一般用于非绑定列
DataGridViewComboBoxColumn	用于在单元格内显示下拉列表。在绑定时不会自动生成，一般需要手工绑定
DataGridViewLinkColumn	用于在单元格内显示链接。在绑定时不会自动生成，一般需要手工绑定
自定义列类型	通过继承 DataGridViewColumn 类或其子类，可以创建自己的列类型，以提供自定义的外观、行为和宿主控件

（1）DataGridViewTextBoxColumn 列类型

DataGridViewTextBoxColumn 是一种通用的列类型，用于表示基于文本的值，比如数字和字符串。在编辑模式下，会有一个 TextBox 控件出现在当前活动单元格，用户可以修改单元格的值。

单元格的值在显示时会自动转换为字符串。用户输入或修改的值在提交时则被自动解析为合适的数据类型以创建一个单元格的值。通过处理 CellFormatting 和 CellParsing 事件，可以自定义这些转换的方式。比如将数据源的日期字段以特定的形式显示，对某些特殊单元格作出特殊的标记。

对一列来说，它包含的单元格值的数据类型由该列的 ValueType 属性指定。

（2）DataGridViewCheckBoxColumn 列类型

DataGridViewCheckBoxColumn 用于显示 Boolean 或 CheckState 类型的值。Boolean 值显示为二元（two-state）或三元（three-state）的 CheckBox，而这取决于该列的 ThreeState 属

性的值。如果该类型的列绑定到 CheckState 类型的值，ThreeState 属性的默认值为 True。

一般情况下，CheckBox 类型的单元格要么用于存储数据，就像其他类型的数据一样，要么用于进行一些重要操作。用户单击 CheckBox 单元格时，如果希望对此立即做出反应，可以处理 CellClick 事件，但该事件发生在单元格的值更新之前。如果单击之时就希望获得新值，一种选择是根据当前值计算单击后的值；另一种方法是立即提交值的变化，然后在 CellValueChanged 事件处理函数中对此作出反应，而要在用户单击单元格时立即提交值的变化，则必须处理 CurrentCellDirtyStateChanged 事件，在这里，调用 CommitEnd()方法提交新值。

（3）DataGridViewImageColumn 列类型

DataGridViewImageColumn 类型的列用于显示图像。这种类型的列有 3 种方法生成：

绑定到数据源时自动生成；为非绑定列手动生成；在 CellFormatting 事件处理函数（该事件发生在单元格显示前）中动态生成。

绑定到数据源时自动生成 Image 列的方法适用于大量的图像格式，包括.NET 中 Image 类支持的各种格式，还有 Access 数据库及 Northwind 范例数据库使用的 OLE 图片格式。

如果想提供 DataGridViewButtonColumn 列的功能，又希望显示自定义的外观，手动生成 Image 列会很有用。在显示后，可以处理 CellClick 事件以处理用户对单元格的单击（模拟按钮列）。

如果要为计算值或非图片的值提供图片显示，在 CellFormatting 事件处理函数中动态生成 Image 列的方法会很有用。比如，有一个表示风险值的列，它的值可能是 high、middle 或 low，可以为它们显示不同的图标作为警示；或者有一个名为 Image 的列，它的值是图片文件的位置而不是真实的图片内容，也可以用这种方法。

（4）DataGridViewButtonColumn 列类型

使用 DataGridViewButtonColumn 列，可以在单元格内显示按钮。如果要为用户操作特定行提供一种简单的方式，Button 列会很有用，比如排序或在另一个窗体中显示子表记录。

在对 DataGridView 进行数据绑定时不会自动生成 Button 列，所以必须手动创建它们，然后把它们添加到 DataGridView 控件的 Columns 集合中。

可以处理 CellClick 事件以响应用户的单击动作。

（5）DataGridViewComboBoxColumn 列类型

在 DataGridViewComboBoxColumn 类型的列中，可以显示包含下拉列表的单元格。这在仅允许用户输入一些特定值的时候显得很有用，例如在 SQL Server 示例数据库 Northwind 中 Products 表的 Category 列，它表示产品的种类，只允许选择现有的产品种类，此时就可以使用 ComboBox 列。

如果了解如何为 ComboBox 控件生成下拉列表，就可以用相同的方式为 ComboBox 列中的所有单元格生成下拉列表。要么通过列的 Items 集合手动添加，要么通过 DataSource、DisplayMember 和 ValueMember 属性绑定到一个数据源。要了解其中的更多信息，可以参考 WinForms 中 ComboBox 空间的用法。

可以将 ComboBox 列的单元格的实际值绑定到 DataGridView 控件本身的数据源（注意不是 ComboBox 列的数据源），需要设置该列的 DataPropertyName 属性（设置某个列的名称）。

ComboBox 列不会在数据绑定时自动生成,所以必须手动创建它们,然后将其添加到 Columns 集合属性中。另外,也可以使用设计器,在设计时设置相应的属性,这个过程类似于在设计器中 ComboBox 控件的使用。

DataError 事件和 ComboBox 列:在使用 DataGridViewComboBoxColumn 时,有时会修改单元格的值或启动 ComboBox 控件的 Items 集合,这样可能会引发 DataError 事件。这是 ComboBox 列的设计使然,ComboBox 列的单元格会进行数据验证。在 ComboBox 列的单元格尝试绘制包含的内容时,需要将包含的值进行格式化,在转换过程中,它会在 ComboBox 的 Items 集合中查找对应的值,如果查找失败就会引发 DataError 事件。忽略了 DataError 事件可能会使单元格不能进行正确的格式化。

(6) DataGridViewLinkColumn 列类型

使用 DataGridViewLinkColumn 列,可以显示一列包含超链接的单元格,在显示数据源中的 URL 值或者替代按钮列进行一些特殊行为,如打开另一个子记录窗体时会很有用。

Link 列也不会在 DataGridView 数据绑定时自动生成,要使用它,需手动创建,然后将其添加到 DataGridView 控件的 Columns 集合中。

可以处理 CellContentClick 事件来响应用户的单击动作。这个事件不同于 CellClick 和 CellMouseClick 事件,后两者在用户单击单元格任何位置(而不仅仅时链接)时都会触发。

DataGridViewLinkColumn 类提供了几个属性,用来修改链接的外观,包括单击前、单击时和单击后(类似于网页中的超链接)。

4. DataGridView 样式

设计 DataGridView 时面临的挑战之一就是创建一个格式设置系统,该系统要能足够灵活地应用不同级别的格式设置,而对于非常大的表又要保持高效。从灵活性角度来看,最好的方法是允许开发人员分别配置每个单元格,但是从效率角度来看,这种方法可能是有害的。包含数千行的表中具有上万个单元格,维护每个单元格的不同格式肯定会浪费很多内存。

为解决此问题,DataGridView 通过 DataGridViewCellStyle 对象来实现多层模型。DataGridViewCellStyle 对象表示单元格的样式,并且包括如颜色、字体、对齐、换行和数据格式等详细信息。可以创建一个 DataGridViewCellStyle 来指定整个表的默认格式。此外,还可以指定列、行和各个单元格的默认格式。格式设置越细致、创建的 DataGridViewCellStyle 对象越多,该解决方案的可伸缩性也就越小。但是,如果主要使用基于列和基于行的格式设置,并且只是偶尔设置各个单元格的格式,则与 DataGrid 相比,DataGridView 不需要太多内存。

DataGridView 应用格式设置时,将遵循以下优先顺序(从最高到最低):

(1) DataGridViewCell.Style

(2) DataGridViewRow.DefaultCellStyle

(3) DataGridView.AlternatingRowsDefaultCellStyle

(4) DataGridView.RowsDefaultCellStyle

(5) DataGridViewColumn.DefaultCellStyle

(6) DataGridView.DefaultCellStyle

须要注意的是：样式对象不是以"全有/全无"的方式应用的，DataGridView 会检查每个属性。例如，假设单元格使用 DataGridViewCell.Style 属性来应用自定义字体，但没有设置自定义前景色，结果该字体设置将覆盖任何其他样式对象中的字体信息，但如果层次结构中下一个样式对象的前景色不为空，则将从该对象继承前景色（在这种情况下为 DataGridViewRow.DefaultCellStyle）。

DataGridViewCellStyle 定义了两种格式设置：数据和外观。数据格式设置描述显示数据绑定值之前如何对其进行修改。这种格式设置通常包括使用格式设置字符串将数字或日期值转换为文本。要使用数据格式设置，只需使用 DataGridViewCellStyle.Format 属性设置格式定义或自定义格式字符串即可。

例如，以下代码片段对 UnitCost 字段中的所有数字进行格式设置，将它们显示为货币值，保留两位小数并加上在区域设置中定义的相应货币符号：

```
DataGridView1.Columns("UnitCost");
DefaultCellStyle.Format = "C";
```

外观格式设置包括颜色和格式等表面细节。例如，以下代码右对齐 UnitCost 字段、应用粗体并将单元格的背景更改为黄色：

```
DataGridView1.Columns("UnitCost");
DefaultCellStyle.Font = New Font(DataGridView.Font, FontStyle.Bold);
DataGridView1.Columns("UnitCost").DefaultCellStyle.Alignment =
DataGridViewContentAlignment.MiddleRight;
DataGridView1.Columns("UnitCost"). DefaultCellStyle.BackColor = Color.LightYellow;
```

其他与格式设置相关的属性包括 ForeColor、SelectionForeColor、SelectionBackColor、WrapMode（控制文本在空间允许时是跨越多行还是直接截断）及 NullValue（将替代 Null 值的值）。

DataGridView 还包括一个设计器，用于在设计时配置列样式。只需从 Properties 属性窗口中选择 DataGridView Properties（DataGridView 属性）链接，或者从各种预先创建的样式设置中选择 AutoFormat（自动套用格式）。

5. 自定义单元格格式

单元格格式设置的第一种方法是设置更高级别的 DataGridView、DataGridViewColumn 和 DataGridViewRow 属性。但是，有时需要为特定单元格单独设置样式。例如，可能需要在列中的数据大于或小于某个值时标记该列中的数据。例如，突出显示项目计划列表中已过去的到期日期，或者在销售分析中突出显示负收益率。在这两种情况下，需要对单独的单元格进行格式设置。

了解 DataGridView 对象模型后，可能想要遍历特定列中的单元格集合，以寻找要突出显示的值。这种方法是可行的，但不是最好的方法。关键问题是如果用户编辑了数据，或者如果代码更改了绑定的数据源，不会对单元格的突出显示情况进行相应的更新。

幸运的是，DataGridView 针对此目的提供了 CellFormatting 事件。CellFormatting 只在显示单元格值之前引发。通过该事件，可以基于单元格的内容来更新单元格样式。以下示例检查特定的收支记录 ID 并相应地标记单元格：

```
private void dataGridView1_CellFormatting(object sender, DataGridViewCellFormattingEventArgs e)
{
    if (dataGridView1.Columns[e.ColumnIndex].Name == "收支记录 ID")
    {
        //检查该值是否正确
        if(Convert.ToInt32(e.Value)==18)
        {
            e.CellStyle.ForeColor = Color.Red;
            e.CellStyle.BackColor = Color.Yellow;
        }
    }
}
```

样式不是影响网格外观的唯一细节，还可以隐藏列或在不同位置之间移动列，并"冻结"列，使这些列在用户滚动到右端时仍然可见。这些功能都是通过 DataGridViewColumn 类的属性提供的，如下所述。

- DisplayIndex：设置列在 DataGridView 中显示的位置。例如，DisplayIndex 值为 0 的列将自动显示在最左边的列中。如果多个列具有相同的 DisplayIndex，则先显示最先出现在该集合中的列。因此，如果使用 DisplayIndex 将一列向左移动，则可能还需要设置最左边的列的 DisplayIndex，以将其向右移动。最初，DisplayIndex 与 DataGridView.Columns 集合中 DataGridViewColumn 对象的索引相匹配。
- Frozen：如果为 True，则该列将始终可见并且固定在表的左侧，即使用户为查看其他列而滚动到右侧亦如此。
- HeaderText：设置将在列标题中显示的文本。
- Resizable 和 MinimumWidth：将 Resizable 设置为 False，以防止用户调整列宽；或者将 MinimumWidth 设置为允许的最小像素数目。
- Visible：要隐藏列，请将此属性设置为 False。

6. 使用 DataGridViewButtonColumn 对象

DataGridView 提供的一种列是 DataGridViewButtonColumn，这种列在每一项旁边显示一个按钮。可以响应此按钮的单击事件，并使用它启动其他操作或显示新的表单。

以下示例使用按钮文字"详细信息"创建简单的按钮列：

```
//在窗体加载事件中创建按钮列
DataGridViewButtonColumn Details = new DataGridViewButtonColumn();
Details.Name = "Details";
Details.Text = "Details...";
Details.HeaderText = "Details";
dataGridView1.Columns.Insert(dataGridView1.Columns.Count, Details);
```

以下代码会对任何行中的按钮单击事件做出反应，并显示相应的记录信息：

```
private void dataGridView1_CellClick(object sender, DataGridViewCellEventArgs e)
{
    if (dataGridView1.Columns[e.ColumnIndex].Name == "Details")
```

```
            {
                MessageBox.Show("You picked "+dataGridView1.Rows[e.RowIndex].Cells["金额"].Value);
            }
        }
```

比较常用的是创建并显示一个新窗口,将有关选定记录的信息传递到这个新窗口,以便查询并显示完整的信息。

7. 使用 DataGridViewImageColumn 对象

DataGridViewImageColumn 对象即图像列,该对象用于在 DataGridView 对象中显示图像和图标。在默认情况,Visual Studio 的数据源设计器不会为 DataGridView 对象的列分配数据源图像字段,因此 DataGridView 对象不能显示图像,但也可以使用它显示图像和图标数据,具体做法是将一个 DataGridViewImageColumn 对象添加到 DataGridView 对象中。DataGrid-ViewImageColumn 类使用 DataGridViewImageCell 对象作为创建行对象时的单元格模版。

【例 6-2】DataGridViewImageColumn 图像列使用。

【实例说明】本示例程序使用 DataGridView 控件中的 DataGridViewImageColumn 对象,实现显示用户头像信息。

【实现过程】

(1) 创建一个 C#的 Windows 应用程序,项目名称为 Eg6-2。

(2) 在窗体上添加各控件,设置各控件的属性,如表 6-23 所示,界面如图 6-17 所示。

表 6-23 控件的属性

控 件 类 型	属 性 名 称	属 性 值
Form1	Name	userManager
	Text	用户头像显示
	Size	453, 441
DataGridView1	Name	dataGridView1

图 6-17 界面设计效果

(3) 程序实现代码如下：

```csharp
private void userManager_Load(object sender, EventArgs e)
{
    SqlConnection con = new SqlConnection(ConfigurationManager.ConnectionStrings["constr"].ConnectionString);
    con.Open();
    dataGridView1.AutoGenerateColumns = false;
    SqlDataAdapter sda = new SqlDataAdapter("select * from UserLogin", con);
    DataSet ds = new DataSet();
    sda.Fill(ds, "usertb");
    dataGridView1.DataSource = ds.Tables["usertb"];
    DataGridViewImageColumn dgvc = (DataGridViewImageColumn)this.dataGridView1.Columns["UserPhoto"];
    for (int a = 0; a < dgvc.DataGridView.Rows.Count; a++)
    {
        dgvc.DataGridView.Rows[a].Height = 80;
        DataGridViewImageCell dgvcc = (DataGridViewImageCell)dgvc.DataGridView.Rows[a].Cells["UserPhoto"];
        try
        {
            string picname = ds.Tables[0].Rows[a][3].ToString();
            Bitmap bt = new Bitmap(Application.StartupPath + picname);
            dgvcc.Value = bt;
        }
        catch { }
    }
    con.Close();
}
```

(4) 程序运行效果如图 6-18 所示。

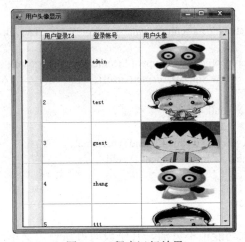

图 6-18　程序运行效果

8. 使用 DataGridViewLinkColumn 对象

DataGridViewLinkColumn 对象的功能与 DataGridViewButtonColumn 对象基本相同，但

是它将整个单元格显示为一个超级链接而非一个按钮。DataGridViewLinkColumn 对象使用 DataGridViewLinkCell 对象作为创建行对象时无单元格模版。对于一个给定的 DataGridViewLinkColumn 对象,它会为 DataGridView 对象中的每个 DataGridViewRow 对象都提供一个 DataGridViewLinkCell 对象。在单击超级链接时,将会触发 CellClick 和 CellContextClick 事件。

9. 使用 DataGridViewComboBoxColumn 对象

DataGridViewComboBoxColumn 对象使用 DataGridViewComboBoxCell 对象作为创建行对象时无单元格模版。对于一个给定的 DataGridViewComboBoxColumn 对象,它会为 DataGridView 对象中的每个 DataGridViewRow 对象提供一个 DataGridViewComboBoxCell 对象。DataGridViewComboBoxColumn 对象将整个单元格显示为一个 ComboBox 对象。在将 DisplayStyleForCurrentCellOnly 属性设置为 True 时,将使单元格显示为 TextBox 对象,如果选中其中的某个单元格,则该单元格将显示为 ComboBox 对象。如果为 DataSoure、DisplayMember 和 ValueMember 属性赋值,DataGridViewComboBoxColumn 对象的下拉列表将能够接受其他数据源中的数据。

使用 DataGridViewComboBoxColumn 对象可以实现列表列约束选择,这种方法使用户在一开始就无法输入任何无效的内容。常用做法就是需要将列限制在预定义值列表的范围内。对于用户而言,最简单的办法是从列表中选择正确的值,而不要手动输入值。可以使用 Items 集合手动为 DataGridViewComboBoxColumn 添加项列表,就像使用 ListBox 一样。此外,还可以将 DataGridViewComboBoxColumn 绑定到其他数据源。在这种情况下,可以使用 DataSource 属性来指定数据源,并使用 DisplayMember 属性指示列中应显示的值,以及使用 ValueMember 属性指定底层列值应使用的值。示例代码如下:

```
SqlDataAdapter sda;
DataSet ds;
SqlConnection con;
con = new SqlConnection("data source=.;database=NoteTaking;integrated security=sspi");
con.Open();
string strsql1 = "select IncomeExpendTypeId,IncomeExpendTypeName from IncomeExpendType";
SqlDataAdapter sda1 = new SqlDataAdapter(strsql1, con);
  sda1.Fill(ds, "t");
收支类目.DataSource = null;
收支类目.DataSource = ds.Tables["t"];
收支类目.DisplayMember = "IncomeExpendTypeName";
收支类目.ValueMember = "IncomeExpendTypeId";
con.Close();
```

10. 编辑 DataGridView

DataGrid 的用户输入功能很不灵活,几乎没有办法自定义单元格验证方式及错误报告方式。而另一方面,DataGridView 允许通过对编辑过程的所有阶段中引发的大量不同事件做出反应来控制其行为。

默认情况下,当用户双击单元格或按 F2 键时,DataGridView 单元格将进入编辑模式。

还可以通过将 DataGridView.EditCellOnEnter 属性设置为 True，对 DataGridView 进行配置，以便当用户移到该单元格后，该单元格立即切换到编辑模式。还可以使用 DataGridView 的 BeginEdit()、CancelEdit()、CommitEdit() 和 EndEdit()方法通过编程方式开始和停止单元格编辑。用户编辑单元格时，行标题将显示一个铅笔状的编辑图标。

用户可以通过按 Esc 键取消编辑。如果将 EditCellOnEnter 属性设置为 True，则单元格仍将处于编辑模式，但是所有更改都将被放弃。要提交更改，用户只需移到新的单元格，或将焦点切换到其他控件。如果代码可以移动当前单元格的位置，则该代码也会提交更改。

为防止单元格被编辑，可以设置 DataGridViewCell、DataGridViewColumn、DataGridViewRow 或 DataGridView 的 ReadOnly 属性（取决于是要防止对该单元格进行更改、对该列中的所有单元格进行更改、对该行中的所有单元格进行更改，还是要防止对该表中的所有单元格进行更改）。DataGridView 还提供了 CellBeginEdit 事件，用于取消尝试的编辑。

11. 处理错误

默认情况下，DataGridViewTextBoxColumn 允许用户输入任何字符，包括当前单元格中可能不允许使用的那些字符。例如，用户可以在数字字段中键入非数字字符，也可以指定与 DataSet 中定义的 ForeignKeyConstraint 或 UniqueConstraint 冲突的值。DataGridView 采用不同的方式来处理这些问题：

如果可以将编辑的值转换为所需的数据类型（例如，用户在数字列中输入了文本），则用户将不能提交更改或导航到其他行，而必须取消更改或编辑值。

如果编辑的值与 DataSet 中的约束冲突，则用户通过导航到其他行或按 Enter 键提交更改后，更改将被立即取消。

这些处理方式适用于多数情况，但如果需要，也可以通过响应 DataGridView.DataError 事件来参与错误处理，该事件是在 DataGridView 侦听到来自数据源的错误时引发的。

12. 验证输入

验证是一项与错误处理稍有不同的任务。通过错误处理，可以处理由 DataSet 报告的问题。而通过验证，可以捕获自定义的错误情况，例如 DataSet 中允许的数据在应用程序中却没有意义。

当用户通过导航到新的单元格提交更改时，DataGridView 控件将引发 CellValidating 和 CellValidated 事件。这些事件之后是 RowValidating 和 RowValidated 事件。可以响应这些事件，检查用户输入的值是否正确并执行所需的任何后期处理。如果值无效，通常会通过两种方式来做出响应，即取消更改和单元格导航（通过将 EventArgs 对象的 Cancel 属性设置为 True)，或者设置某种错误文本来提醒用户。可以将错误文本置于其他控件中，也可以使用相应的 DataGridViewRow 和 DataGridViewCell 的 ErrorText 属性在 DataGrid 中显示错误文本：

❑ 设置 DataGridViewCell.ErrorText 时，单元格中将显示感叹号图标。将鼠标悬停在此图标上将显示错误消息。

❏ 设置 DataGridViewRow.ErrorText 时，行左侧的行标题中将显示感叹号图标。将鼠标悬停在此图标上将显示错误消息。

通常，会结合使用这两种属性，并设置行和单元格中的错误消息。以下示例为检查金额字段（AccountMoney）中输入的是否是数字类型。如果是非数字类型，则会将错误符号（红色的感叹号）添加到单元格中，并显示描述该问题的工具提示文本。

```csharp
private void dataGridView1_CellValidating(object sender, DataGridViewCellValidatingEventArgs e)
{
    if(dataGridView1.Columns[e.ColumnIndex].Name == "金额")
    {
        try
        {
            double val = Convert.ToDouble(e.FormattedValue.ToString());
            e.Cancel = false;
        }
        catch(Exception ex)
        {
            dataGridView1.Rows[e.RowIndex].ErrorText="金额字段必须为数字类型";
            e.Cancel = true;
        }
    }
}
```

6.2.3 日期控件 DateTimePicker

日期控件 DateTimePicker 用于选择日期和时间，但它只能选择一个时间，而不是连续的时间段；开发人员也可以直接输入日期和时间。

1. DateTimePicker 控件显示日期或时间

默认情况下，DateTimePicker 用来表示日期，它显示为两部分：一个为下拉列表和一个网格。

如果将 DateTimePicker 作为选取或编辑时间的控件出现，则将 Format 属性设置为 Time，将 ShowUpDown 属性设置为 True。Format 属性用于设置 DateTimePicker 控件的日期和时间格式，Format 属性是 DateTimePickerFormat 类型，DateTimePickerFormat 枚举值及说明如表 6-24 所示。

表 6-24 DateTimePickerFormat 枚举值及说明

枚 举 值	说　　明
Custom	DateTimePicker 控件以自定义格式显示日期/时间值
Long	DateTimePicker 控件以用户操作系统设置的长日期格式显示日期/时间值
Short	DateTimePicker 控件以用户操作系统设置的短日期格式显示日期/时间值
Time	DateTimePicker 控件以用户操作系统设置的时间格式显示日期/时间值

【例 6-3】DateTimePicker 控件的使用。

【实例说明】本示例将 DateTimePicker 控件的 Format 属性设置为 Time，以便在控件中只显示时间；然后获取 DateTimePicker 控件中显示的时间，并显示到 TextBox 控件中。

【实现过程】

（1）创建一个 C#的 Windows 应用程序，项目名称为 Eg6-3。

（2）在窗体上添加各控件，设置各控件的属性，如表 6-25 所示，界面如图 6-19 所示。

表 6-25 控件的属性

控件类型	属性名称	属性值
Form1	Name	Form3
	Text	用户头像显示
	Size	337, 309
DateTimePicker1	Name	dtpTime
	Format	Time
TextBox1	Name	txtTime
	Text	

（3）程序实现代码如下：

```
private void Form3_Load(object sender, EventArgs e)
{
        dtpTime.Format = DateTimePickerFormat.Time;
        txtTime.Text = dtpTime.Text;
}
```

（4）程序运行结果如图 6-20 所示。

图 6-19 界面设计效果　　　图 6-20 DateTimePiker 控件只显示时间

2. 使用 DateTimePiker 控件以自定义格式显示日期

以自定义格式在 DateTimePiker 控件中显示日期时，需要用到其 CustomFormat 属性。其语法格式如下：

```
Pulbic string CustomFormat{get;set;}
```

属性值：表示自定义日期/时间格式的字符串。

此时该控件的 Format 属性必须设置为 DateTimePickerFormat.Custom。

通过组合格式字符串，可以设置日期和时间格式。常用的有效日期格式字符串及其说明如表 6-26 所示。

表 6-26　有效日期格式字符串及说明

格式字符串	说明
d	一位数或两位数的天数
dd	两位数的天数，一位数天数的前面加一个 0
ddd	3 个字符的星期几缩写
dddd	完整的星期几名称
h	12 小时格式的一位或两位数小时数
hh	12 小时格式的两位数小时数，一位数数值前面加一个 0
H	24 小时格式的一位数或两位数小时数
HH	24 小时格式的两位数小时数，一位数数值前面加一个 0
m	一位数或两位数分钟值
mm	两位数分钟值，一位数数值前面加一个 0
M	一位数或两位数月份值
MM	两位数月份值，一位数数值前面加一个 0
MMM	3 个字符的月份缩写
MMMM	完整的月份名
s	一位数或两位数秒数
ss	两位数秒数，一位数数值前面加一个 0
t	单字母 A.M./P.M 缩写（A.M 将显示为 A）
tt	两字母 A.M./P.M 缩写（A.M 将显示为 AM）
y	一位数的年份（2008 显示为 8）
yy	年份的最后两位数（2008 显示为 08）
yyy	完整的年份（2008 显示为 2008）

自定义日期格式示例代码如下：

```
private void Form4_Load(object sender, EventArgs e)
{
    dateTimePicker1.Format=DateTimePickerFormat.Custom;
    dateTimePicker1.CustomFormat="MMMM dd,yyyy-dddd";
    label1.Text = dateTimePicker1.Text;
}
```

程序运行结果如图 6-21 所示。

图 6-21　自定义日期格式

3. 获取 DateTimePicker 控件中选择的日期

要获取 DateTimePicker 控件中选择的日期，可以使用其 Text 属性；另外，开发人员还可以通过使用其 Value 属性的 Year、Month 和 Day 来获取选择的日期的年、月和日等信息。

【例 6-4】DateTimePicker 中各属性的使用。

【实例说明】本示例使用 DateTimePicker 控件的 Text 属性获取当前控件选择的日期，然后分别使用其 Value 属性的 Year、Month 和 Day 获取选择日期的年、月和日，并显示在文本框中。

【实现过程】

（1）创建一个 C#的 Windows 应用程序，项目名称为 Eg6-4。

（2）在窗体上添加各控件，设置各控件的属性，界面如图 6-22 所示。

图 6-22　界面设计效果

（3）程序代码如下：

```
private void Form5_Load(object sender, EventArgs e)
{
    textBox1.Text = dateTimePicker1.Text;
    textBox2.Text = dateTimePicker1.Value.Year.ToString();
    textBox3.Text = dateTimePicker1.Value.Month.ToString();
    textBox4.Text = dateTimePicker1.Value.Day.ToString();
}
```

（4）运行结果如图 6-23 所示。

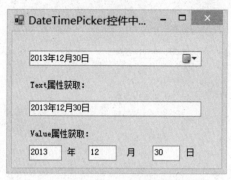

图 6-23　获取控件中选择的日期

任务实现

步骤 1　在项目 NoteTaking 中添加窗体，命名为 InExpFormDet。

步骤 2　在窗体中添加 BindingSource 控件、BindingNavigator 控件、DataGridView 控件，并设置其属性，属性如表 6-27 所示，界面设计图如 6-24 所示。DataGridView 控件中添加 6 列，5 列为 DataGridViewTextBoxColumn 列，1 列为 DataGridViewComboBoxColumn 列，在 BindingNavigator 控件上添加 2 个 ToolStripButton 控件。

表 6-27　收支管理各控件属性

控件类型	属性名称	属性值
Form	Name	InExpFormDet
	Text	InExpFormDet
	Size	604, 412
BindSource	Name	bindSource1
BindingNavigator	Name	bindingNavigator1
DataGridView	Name	dataGridView1
ToolStripButton	Name	toolStripButton1
	DisplayStyle	ImageAndText
	Image	导入图片资源 4.jpg
	Text	更新
ToolStripButton	Name	toolStripButton1
	DisplayStyle	Text
	Text	关闭

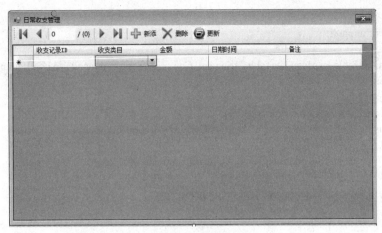

图 6-24 界面设计

步骤 3 实现收支管理功能需要编程的程序代码如下:

(1) 向通用数据访问类 SqlDbHelper 中添加两个方法,分别为 ExecuteAdpater(string sql, CommandType commandType, SqlParameter[] parameters,SqlConnection con) { } 方法和 ExecuteDataTable(string sql, CommandType commandType, SqlParameter[] parameters) { } 方法。具体实现代码如下:

```
public SqlDataAdapter ExecuteAdpater(string sql, CommandType commandType, SqlParameter[] parameters,SqlConnection con)
{
        SqlDataAdapter sda;
        try
        {
                con.Open();
                using (SqlCommand cmd = new SqlCommand(sql, con))
                {
                        cmd.CommandType = commandType;
                        if (parameters != null)
                        {
                                foreach (SqlParameter parameter in parameters)
                                {
                                        cmd.Parameters.Add(parameter);
                                }
                        }
                        sda = new SqlDataAdapter(cmd);
                        return sda;
                }
        }
        catch (Exception ex)
        {
                ex.ToString();
        }
        finally
        {
                con.Close();
```

```csharp
            return null;
        }
        public DataTable ExecuteDataTable(string sql, CommandType commandType, SqlParameter[] parameters)
        {
            DataTable data = new DataTable();
            using (SqlConnection conn = new SqlConnection(connectionString))
            {
                using (SqlCommand cmd = new SqlCommand(sql, conn))
                {
                    cmd.CommandType = commandType;
                    if (parameters != null)
                    {
                        foreach (SqlParameter parameter in parameters)
                        {
                            cmd.Parameters.Add(parameter);
                        }
                    }
                    SqlDataAdapter adapter = new SqlDataAdapter(cmd);
                    try
                    {
                        adapter.Fill(data);
                    }
                    catch (Exception e)
                    {
                        throw e;
                    }
                }
            }
            return data;
        }
```

(2) 实现将数据库日常收支记录数据表中数据绑定到 DataGridView 控件中,并将收支类别表中信息绑定到 DataGridViewComboBoxColumn 列中,完成用户单击日期列时显示日期控件在当前单击的单元格中,具体实现代码如下:

```csharp
SqlConnection con;
SqlDataAdapter sda;
DataSet ds;
SqlCommandBuilder scb;
DateTimePicker dtp = new DateTimePicker();
Rectangle rg;
DataTable dtInfo = new DataTable();
public void databind(object sender, EventArgs e)
{
    SqlDbHelper sdh = new SqlDbHelper();
    string strsql = "select * from IncomeExpendDet where UserLoginID=@ulid";
    SqlParameter[] sp = new SqlParameter[] { new SqlParameter("@ulid", Login.userid)};
    con = new SqlConnection("Data Source=.;database=NoteTaking;Integrated Security=sspi");
```

```csharp
            sda = sdh.ExecuteAdpater(strsql,CommandType.Text,sp,con);
            scb = new SqlCommandBuilder(sda);
            this.dataGridView1.AutoGenerateColumns = false;
            ds = new DataSet();
            sda.Fill(ds, "ttt");
            dtInfo = ds.Tables["ttt"];
            bindingSource1.DataSource = dtInfo;
            dataGridView1.DataSource = bindingSource1;
            bindingNavigator1.BindingSource = bindingSource1;
            dtInfo.Columns[2].DefaultValue = Login.userid;
            dataGridView1.Columns[0].DataPropertyName = ds.Tables["ttt"].Columns[0].ColumnName;
            dataGridView1.Columns[1].DataPropertyName = ds.Tables["ttt"].Columns[1].ColumnName;
            dataGridView1.Columns[2].DataPropertyName = ds.Tables["ttt"].Columns[2].ColumnName;
            dataGridView1.Columns[3].DataPropertyName = ds.Tables["ttt"].Columns[3].ColumnName;
            dataGridView1.Columns[4].DataPropertyName = ds.Tables["ttt"].Columns[4].ColumnName;
            dataGridView1.Columns[5].DataPropertyName = ds.Tables["ttt"].Columns[5].ColumnName;
    string strsql1 = "select IncomeExpendTypeId,IncomeExpendTypeName from IncomeExpendType";
    DataTable dt = sdh.ExecuteDataTable(strsql1, CommandType.Text, null);
    收支类目.DataSource = null;
    收支类目.DataSource =dt;
    收支类目.DisplayMember = "IncomeExpendTypeName";
    收支类目.ValueMember = "IncomeExpendTypeId";
    con.Close();
}
private void Form2_Load(object sender, EventArgs e)
{
        databind(sender, e);
        dataGridView1.Controls.Add(dtp);
        dtp.Visible = false;
        dtp.Format = DateTimePickerFormat.Custom;
        dtp.TextChanged += new EventHandler(dtp_TextChange);
}
private void dtp_TextChange(object sender, EventArgs e)
{
        dataGridView1.CurrentCell.Value = dtp.Text.ToString();
}
private void dataGridView1_CellClick(object sender, DataGridViewCellEventArgs e)
{
        if (e.RowIndex >= 0)
        {
            if (e.ColumnIndex == 4)
            {
                rg = dataGridView1.GetCellDisplayRectangle(e.ColumnIndex, e.RowIndex, true);
                dtp.Size = new Size(rg.Width, rg.Height);
                dtp.Location = new Point(rg.X, rg.Y);
                dtp.Visible = true;
            }
            else
                dtp.Visible = false;
        }
}
```

(3) 添加单元格验证事件 dataGridView1_CellValidating, 验证单元格中的金额字段输入是否合法。具体实现代码如下:

```csharp
private void dataGridView1_CellValidating(object sender, DataGridViewCellValidatingEventArgs e)
{
    if (dataGridView1.Columns[e.ColumnIndex].Name == "金额")
    {
        try
        {
            double val = Convert.ToDouble(e.FormattedValue.ToString());
            e.Cancel = false;
        }
        catch (Exception ex)
        {
            dataGridView1.Rows[e.RowIndex].ErrorText = "金额字段必须为数字类型";
            e.Cancel = true;
        }
    }
}
```

(4) 为更新按钮添加单击事件, 实现向数据库更新记录。具体实现代码如下:

```csharp
private void toolStripButton1_Click(object sender, EventArgs e)
{
    con.Open();
    int count = sda.Update(dtInfo);
    if (count > 0)
    {
        MessageBox.Show("更新成功");
        databind(sender, e);
    }
    else
        MessageBox.Show("更新失败");
    con.Close();
}
```

(5) 为关闭按钮添加单击事件, 实现关闭窗体。具体实现代码如下:

```csharp
private void toolStripButton4_Click(object sender, EventArgs e)
{
    this.Close();
}
```

步骤 4 运行效果如图 6-25 所示。

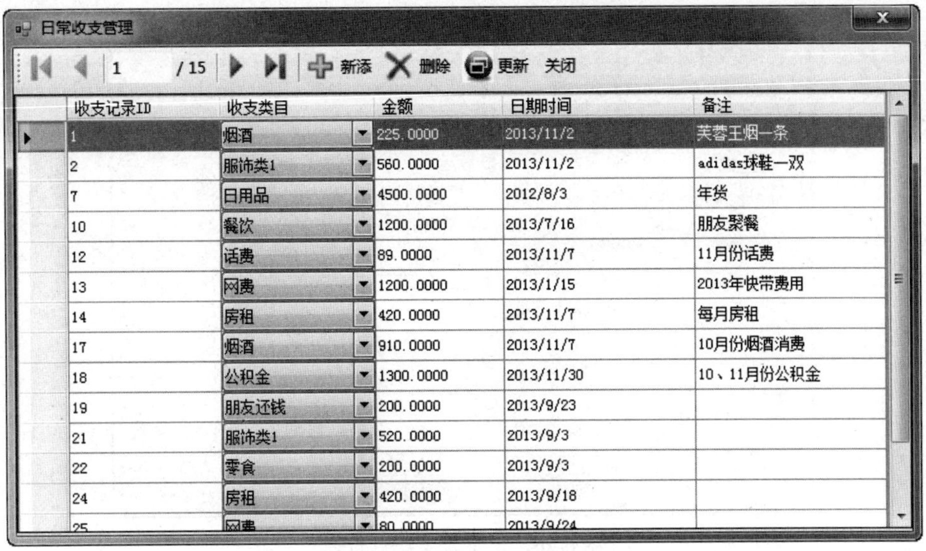

项目 6　收支记账管理功能实现

收支记录ID	收支类目	金额	日期时间	备注
1	烟酒	225.0000	2013/11/2	芙蓉王烟一条
2	服饰类1	560.0000	2013/11/2	adidas球鞋一双
7	日用品	4500.0000	2012/8/3	年货
10	餐饮	1200.0000	2013/7/16	朋友聚餐
12	话费	89.0000	2013/11/7	11月份话费
13	网费	1200.0000	2013/1/15	2013年快带费用
14	房租	420.0000	2013/11/7	每月房租
17	烟酒	910.0000	2013/11/7	10月份烟酒消费
18	公积金	1300.0000	2013/11/30	10、11月份公积金
19	朋友还钱	200.0000	2013/9/23	
21	服饰类1	520.0000	2013/9/3	
22	零食	200.0000	2013/9/3	
24	房租	420.0000	2013/9/18	
25	网费	80.0000	2013/9/24	

图 6-25　日常记账管理效果图

任务 6.3　日常收支记账查询功能的实现

学习目标

- 了解 ListBox 控件的属性和方法；
- 掌握 ListBox 控件的使用；
- 掌握数据导出到 Excel 的方法。

任务描述

随着系统使用时间的推移，系统信息量也在逐渐增长，用户如何能快速有效地检索信息是信息系统必须具备的功能。日常收支记账查询功能可以实现多条件的组合查询，能快速有效查询出用户需要检索的信息。本任务通过 ListBox 控件、DataGridView 控件、断开式数据访问、多条件组合查询等，实现日常收支账目信息的查询，同时将查询出的信息导出到 Excel 文件中。界面设计如图 6-26 和图 6-27 所示。

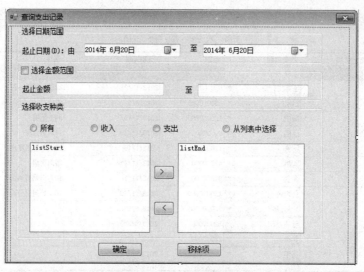

图 6-26 日常收支账目查询

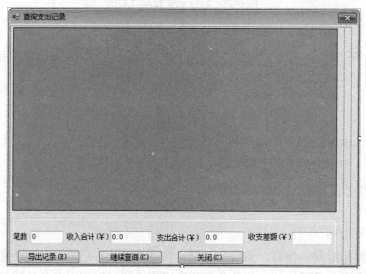

图 6-27 查询结果

技术要点

6.3.1 ListBox 控件

Windows 窗体中的 ListBox 控件显示一个项列表，用户可以从中选择一项或多项。如果项总数超出可以显示的项数，则自动向 ListBox 控件添加滚动条。当 MultiColumn 属性设置为 True 时，列表框以多列形式显示项并且会出现一个水平滚动条。当 MultiColumn 属性设置为 False 时，列表框以单列形式显示项并且会出现一个垂直滚动条。当 ScrollAlwaysVisible 设置为 True 时，无论项数多少都将显示滚动条。SelectionMode 属性确定一次可以选择多少列表项。在设计期间，如果不知道用户要选择的数值个数，就应使用列表框。即使在设计期间知道所有可能的值，但列表中的值非常多，也应考虑使用列表框。

ListBox 类派生于 ListControl 类。后者提供了 .NET Framework 内置列表类型控件的基本功能。

SelectedIndex 属性返回对应于列表框中第一个选定项的整数值。通过在代码中更改 SelectedIndex 值，可以编程方式更改选定项；列表中的相应项将在 Windows 窗体上突出显示。如果未选定任何项，则 SelectedIndex 值为–1；如果选定了列表中的第一项，则 SelectedIndex 值为 0；当选定多项时，SelectedIndex 值反映列表中最先出现的选定项。SelectedItem 属性类似于 SelectedIndex，但它返回项本身，通常是字符串值。Count 属性反映列表的项数，由于 SelectedIndex 是从 0 开始的，所以 Count 属性的值通常比 SelectedIndex 的最大可能值大一。

可以在设计时使用 Items 属性向列表添加项。如果要在运行时在 ListBox 控件中添加或删除项，可以使用 Add()、Insert()、Clear()或 Remove()方法。

列表框对象的设置通过该控件的相关属性来完成，ListBox 控件常用的属性如表 6-28 所示，ListBox 控件常用方法如表 6-29 所示。

表 6-28　ListBox 控件常用属性

属 性 名 称	说　　明
SelectedIndex	表示列表框中选中项的基于 0 的索引。如果列表框可以一次选择多个选项，这个属性就包含选中列表中的第一个选项
ColumnWidth	在包含多个列的列表框中，这个属性指定列的宽度
Items	Items 集合包含列表框中的所有选项，使用这个集合的属性可以增加和删除选项
MultiColumn	列表框可以有多个列。使用这个属性可以获取或设置列表框中列的个数
SelectedItem	在只能选择一个选项的列表框中，这个属性包含选中的选项。在可以选择多个选项的列表框中，这个属性包含选中项中的第一项
SelectedItems	这个属性是一个集合，包含当前选中的所有选项
SelectionMode	在列表框中，可以使用 ListSelectionMode 枚举中的 4 种选择模式： ● None: 不能选择任何选项 ● One: 一次只能选择一个选项 ● MultiSimple: 可以选择多个选项。使用这个模式，在单击列表中的一项时，该项就会被选中，即使单击另一项，该项也仍保持选中状态，除非再次单击它 ● MultiExtended: 可以选择多个选项，用户还可以使用 Ctrl、Shift 和箭头键进行选择。它与 MultiSimple 不同，如果先单击一项，然后单击另一项，则只选中第二个单击的项
Sorted	把这个属性设置为 True，会使列表框对它包含的选项按照字母顺序排序

续表

属性名称	说明
Text	如果设置列表框控件的 Text 属性，将搜索匹配该文本的选项并选择该选项。如果获取 Text 属性，返回的值是列表中第一个选中的选项。如果 SelectionMode 是 None，就不能使用这个属性
BorderStyle	获取或设置在 ListBox 四周绘制的边框的类型
DataSource	获取或设置此 ListControl 的数据源
DisplayMember	获取或设置要为此 ListControl 显示的属性
HorizontalExtent	获取或设置 ListBox 的水平滚动条可滚动的宽度
HorizontalScrollbar	获取或设置一个值，该值指示是否在控件中显示水平滚动条
ItemHeight	获取或设置 ListBox 中项的高度
SelectedIndices	获取一个集合，该集合包含 ListBox 中所有当前选定项的从零开始的索引
SelectedValue	获取或设置由 ValueMember 属性指定的成员属性的值
TopIndex	获取或设置 ListBox 中第一个可见项的索引

表 6-29 ListBox 控件常用方法

方法	说明
ClearSelected()	清除列表框中的所有选项
FindString()	查找列表框中第一个以指定字符串开头的字符串，例如 FindString("a")就是查找列表框中第一个以 a 开头的字符串
FindStringExact()	与 FindString 类似，但必须匹配整个字符串
GetSelected()	返回一个表示是否选择一个选项的值
SetSelected()	设置或清除选项
GetItemCheckState()	返回一个表示选项的选中状态的值
SetItemChecked()	设置指定为选中状态的选项
SetItemCheckState()	设置选项的选中状态
GetItemChecked()	返回一个表示选项是否被选中的值

向列表项中添加新项，示例代码如下：

```
listBox1.Items.Add("年终奖");
```

使用 Insert()方法在列表框中指定位置插入字符串或对象的程序代码如下：

```
listBox1.Items.Insert(0,"季度奖");
```

如果要将一个数组的内容赋值给 Items 集合，其参考代码如下：

```
Object[] ItemObject=new System.Object[10];
for(int i=0;i<=9;i++)
{
    ItemObject[i]="Item"+i;
```

```
}
listBox1.Items.AddRange(ItemObject);
```

如果要删除列表框中指定项,可以调用 Remove()或 RemoveAt()方法来实现(Remove()方法有一个参数可指定要移除的项,RemoveAt()方法移除具有指定的索引号的项),程序代码如下:

```
listBox1.Items.RemoveAt(0);
listBox1.Items.Remove(listBox1.SelectedItem);
listBox1.Items.Remove("季度奖");
```

如果要移除列表框的所有项,可以调用 Clear()方法来实现,代码如下:

```
listBox1.Items.Clear();
```

也可以通过 DataSource 和 DisplayMember 属性将 ListBox 绑定到数据,以便执行如浏览数据库中的数据、输入新数据或编辑现有数据等任务。该功能的实现在任务实现中将通过示例进行展示。

【例 6-5】简易点菜单。

【实例说明】本示例程序主要用来演示列表控件的使用。该程序模拟一个点菜系统,程序运行时,在窗体上显示出台号和今日菜单,客人可以根据需要进行"点菜"或"退菜"按钮,双击"今日菜单"中的某一道菜时,将会弹出信息框,显示该菜的详细信息。最后客人的点菜情况在"您的菜单"中显示。结账时,单击"打印账单"按钮,将弹出信息框并显示所点菜和菜的总价。

【实现过程】

(1)创建一个 C#的 Windows 应用程序,项目名称为 Eg6-5。

(2)在窗体上添加各控件,设置各控件的属性如表 6-30 所示,界面如图 6-28 所示。

表 6-30 简易点菜单各控件属性

控件类型	属性名称	属性值
Form	Name	Form1
	Text	简易点菜单
	Size	378, 352
Label	Name	Label1
	Text	台号:
Label	Name	Label2
	Text	总价:
TextBox	Name	txtTable
	Text	
TextBox	Name	txtTotal
	Text	

续表

控件类型	属性名称	属性值
Label	Name	Label3
	Text	今日菜单
Label	Name	Label4
	Text	你的菜单
ListBox	Name	lstSource
	Items	见界面
ListBox	Name	lstSelected
	Items	
Label	Name	Label5
	Text	日期：
Label	Name	Label6
	Text	
Button	Name	btnSelect
	Text	点菜
Button	Name	btnDelSelect
	Text	退菜
Button	Name	btnSelectAll
	Text	全点
Button	Name	btnDelSelectAll
	Text	全退
Button	Name	btnPrint
	Text	打印账单

界面设计如图 6-28 所示。

图 6-28　简易点菜单

(3) 程序实现代码如下:

```csharp
private void btnSelect_Click(object sender, EventArgs e)
{
    if (lstSource.SelectedIndex != -1)
    {
        this.lstSelected.Items.Add(this.lstSource.SelectedItem.ToString());
    }
}
private void btnDeSelect_Click(object sender, EventArgs e)
{
    if (lstSelected.SelectedIndex != -1)
    {
        this.lstSelected.Items.Remove(this.lstSelected.SelectedItem.ToString());
    }
}
private void btnSelectAll_Click(object sender, EventArgs e)
{
    for (int i = 0; i < lstSource.Items.Count; i++)
    {
        lstSource.SelectedIndex = i;
        lstSelected.Items.Add(lstSource.SelectedItem.ToString());
    }
}
private void btnDeSelectAll_Click(object sender, EventArgs e)
{
    this.lstSelected.Items.Clear();
}
private void btnPrint_Click(object sender, EventArgs e)
{
    string strSelected = "";
    for (int i = 0; i < lstSelected.Items.Count; i++)
    {
        strSelected += this.lstSelected.Items[i].ToString() + "\n";
    }
    MessageBox.Show("--账单信息--" + "\n" + "台号: " + txtTable.Text + "\n" + "\n[点菜单]\n" +
        strSelected + "\n 总价格: " + txtTotal.Text, "消费信息");
}
private void lstSource_DoubleClick(object sender, EventArgs e)
{
    MessageBox.Show("菜名: " +this.lstSource.SelectedItem.ToString()+"\n"+"价格: 18\n"+"来源: 湖南攸县\n"+"烹制方法: 选用精致黄豆磨制而成的豆腐, 配以新鲜的青辣椒炒制而成。","详细信息");
}
private void Form1_Load(object sender, EventArgs e)
{
    this.label6.Text = DateTime.Now.ToLongDateString();
}
```

(4) 选择"调试"→"启动调试"命令运行应用程序,运行结果如图 6-29、图 6-30 和图 6-31 所示。

图 6-29　运行效果　　　图 6-30　单击"打印账单"后　　　图 6-31　菜单详细信息

6.3.2　数据导出

在.NET 应用中，导出 Excel 是很常见的需求，导出 Excel 报表大致有以下 3 种方式：Office PIA、文件流和 NPOI 开源库，本文只介绍前两种方式。

通过 COM 组件调用 Office 软件本身来实现文件的创建和读写，是.NET 开发人员首选的方法，但是数据量较大的时候异常缓慢。下面的示例已经做了优化，将一个二维对象数组赋值到一个单元格区域中，用于导出列数不多于 26 列的数据。

【例 6-6】将 DataGridView 中内容导出到 Excel 中。

【实例说明】本示例演示通过 COM 组件调用 Office 软件本身，实现将 DataGridView 中的内容导出到 Excel 文件中。

【实现过程】

（1）创建一个 C#的 Windows 应用程序，项目名称为 Eg6-6。

（2）在窗体上添加控件，设置各控件的属性，各控件属性如表 6-31 所示，界面设计如图 6-32 所示。

表 6-31　各控件属性

控件类型	属性名称	属性值
Form	Name	Form1
	Text	数据导出
	Size	417, 379
DataGridView	Name	dgvDisplay
Button	Name	btnExport
	Text	导出

（3）右击选择你所在的项目的"引用"，在弹出的快捷菜单中选择"添加引用"，弹出"添加引用"对话框，选择 COM 选项卡，选择 Microsoft Excel 12.0 Object Library 选项。

项目6 收支记账管理功能实现

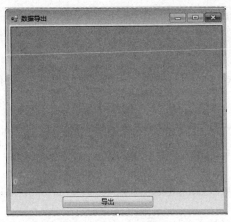

图 6-32 数据导出界面设计图

（4）通过 Office PIA 实现导出数据至 Excel 中，程序代码如下：

```
using Microsoft.Office.Interop.Excel;
public SqlConnection conn;
public void OpenSqlConnection()
{
  string strConn = "Data Source=.;Initial Catalog=NoteTaking;Integrated Security=SSPI;";
  try
  {
        conn = new SqlConnection(strConn);
        conn.Open();
  }
  catch (Exception e)
  {
        MessageBox.Show(e.ToString());
        return;
  }
}
private void Form1_Load(object sender, EventArgs e)
{
      OpenSqlConnection();
      SqlDataAdapter sda = new SqlDataAdapter("select * from IncomeExpendType", conn);
      DataSet ds = new DataSet();
      sda.Fill(ds);
      dgvDisplay.DataSource = ds.Tables[0];
}
public static void ExportExcel(string fileName, DataGridView myDGV)
{
      string saveFileName = "";
      SaveFileDialog saveDialog = new SaveFileDialog();
      saveDialog.DefaultExt = "xls";
      saveDialog.Filter = "Excel 文件|*.xls";
      saveDialog.FileName = fileName;
      saveDialog.ShowDialog();
      saveFileName = saveDialog.FileName;
      if (saveFileName.IndexOf(":") < 0) return; //被点了取消
```

```csharp
            Microsoft.Office.Interop.Excel.Application xlApp = new Microsoft.Office.Interop.Excel.Application();
            if (xlApp == null)
            {
                MessageBox.Show("无法创建 Excel 对象,可能您的机子未安装 Excel");
                return;
            }
            Microsoft.Office.Interop.Excel.Workbooks workbooks = xlApp.Workbooks;
            Microsoft.Office.Interop.Excel.Workbook workbook = workbooks.Add(Microsoft.Office.Interop.Excel.XlWBATemplate.xlWBATWorksheet);
            //取得 sheet1
            Microsoft.Office.Interop.Excel.Worksheet worksheet = (Microsoft.Office.Interop.Excel.Worksheet)workbook.Worksheets[1];
            //写入标题
            for (int i = 0; i < myDGV.ColumnCount; i++)
            {
                worksheet.Cells[1, i + 1] = myDGV.Columns[i].HeaderText;
            }
            //写入数值
            for (int r = 0; r < myDGV.Rows.Count; r++)
            {
                for (int i = 0; i < myDGV.ColumnCount; i++)
                {
                    worksheet.Cells[r + 2, i + 1] = myDGV.Rows[r].Cells[i].Value;
                }
                System.Windows.Forms.Application.DoEvents();
            }
            worksheet.Columns.EntireColumn.AutoFit();//列宽自适应
            if (saveFileName != "")
            {
                try
                {
                    workbook.Saved = true;
                    workbook.SaveCopyAs(saveFileName);
                }
                catch (Exception ex)
                {
                    MessageBox.Show("导出文件时出错,文件可能正被打开! \n" + ex.Message);
                }
            }
            xlApp.Quit();
            GC.Collect();//强行销毁
            MessageBox.Show("文件:  "+fileName + ".xls 保存成功", "信息提示",MessageBoxButtons.OK,MessageBoxIcon.Information);
        }
        private void btnExport_Click(object sender, EventArgs e)
        {
            ExportExcel("inexp.xls", dgvDisplay);
            //SaveAs();
        }
```

(5) 通过文件流的方式实现导出数据到 Excel 中,程序代码如下:

```csharp
private void SaveAs() //另存新档按钮,导出成 Excel
{
    SaveFileDialog saveFileDialog = new SaveFileDialog();
    saveFileDialog.Filter = "Execl files (*.xls)|*.xls";
    saveFileDialog.FilterIndex = 0;
    saveFileDialog.RestoreDirectory = true;
    saveFileDialog.CreatePrompt = true;
    saveFileDialog.Title = "Export Excel File To";
    saveFileDialog.ShowDialog();
    Stream myStream;
    myStream = saveFileDialog.OpenFile();
    StreamWriter sw = new StreamWriter(myStream, System.Text.Encoding.GetEncoding(-0));
    string str = "";
    try
    {
        //写标题
        for (int i = 0; i < dgvDisplay.ColumnCount; i++)
        {
            if (i > 0)
            {
                str += "\t";
            }
            str += dgvDisplay.Columns[i].HeaderText;
        }
        sw.WriteLine(str);
        //写内容
        for (int j = 0; j < dgvDisplay.Rows.Count; j++)
        {
            string tempStr = "";
            for (int k = 0; k < dgvDisplay.Columns.Count; k++)
            {
                if (k > 0)
                {
                    tempStr += "\t";
                }
                tempStr += dgvDisplay.Rows[j].Cells[k].Value.ToString();
            }
            sw.WriteLine(tempStr);
        }
        sw.Close();
        myStream.Close();
    }
    catch (Exception e)
    {
        MessageBox.Show(e.ToString());
    }
    finally
    {
        sw.Close();
```

```
                myStream.Close();
        }
    }
    private void btnExport_Click(object sender, EventArgs e)
    {
        //ExportExcel("inexp.xls", dgvDisplay);
        SaveAs();
    }
```

（6）程序运行界面效果如图 6-33 和图 6-34 所示。

图 6-33　程序运行效果图　　　　图 6-34　导出运行效果图

任务实现

步骤 1　在项目 NoteTaking 中添加窗体，命名为 SearchInExpDet。

步骤 2　在窗体中添加控件并设置其属性，各控件属性如表 6-32 所示，界面设计如图 6-35 和图 6-36 所示。

表 6-32　各控件属性表

控件类型	属性名称	属性值
Form	Name	SearchInExpDet
	Text	查询支出记录
	Size	590, 420
Panel	Name	Panel1
	Visible	True
Panel	Name	Panel2
	Visible	False
GroupBox	Name	groupBox1
	Text	选择日期范围
GroupBox	Name	groupBox2
	Text	

续表

控件类型	属性名称	属性值
GroupBox	Name	groupBox3
	Text	选择收支种类
DateTimePicker	Name	dtpStart
	Text	
DateTimePicker	Name	dtpEnd
	Text	
CheckBox	Name	checkBox1
	Text	选择金额范围
TextBox	Name	txtStart
	Enable	False
	Text	
TextBox	Name	txtEnd
	Enable	False
	Text	
RadioButton	Name	rbtAll
	Text	所有
RadioButton	Name	rbtIn
	Text	收入
RadioButton	Name	rbtExp
	Text	支出
RadioButton	Name	rbtList
	Text	从列表中选择
ListBox	Name	listStart
ListBox	Name	listEnd
Button	Name	btnStart
	Text	>
Button	Name	btnEnd
	Text	<
Button	Name	btnOk
	Text	确定
Button	Name	btnCancel
	Text	移除项

续表

控件类型	属性名称	属性值
DataGridView	Name	dgvSearch
TextBox	Name	txtNum
	Text	0
TextBox	Name	txtInc
	Text	0.0
TextBox	Name	txtExp
	Text	0
TextBox	Name	txtCount
	Text	
Button	Name	btnExport
	Text	导出记录
Button	Name	btnSearch
	Text	继续查询
Button	Name	btnClose
	Text	关闭

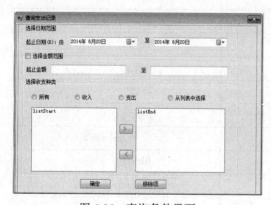

图 6-35 查询条件界面

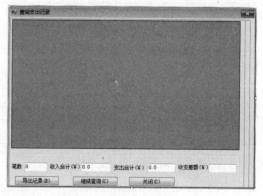

图 6-36 查询结果显示界面

步骤 3 程序实现代码如下：

```
private void SearchInExpDet_Load(object sender, EventArgs e)
{
    panel2.Visible = false;
    string stryear=dtpStart.Text.Substring(0, 4);
    dtpStart.Text = stryear + "/1" + "/1";
    listbind();
}
private void listbind()
{
```

```csharp
            SqlDbHelper sdh = new SqlDbHelper();
            DataTable dt = sdh.ExecuteDataTable("sp_selInexpType", CommandType.StoredProcedure, null);
            listStart.DataSource = dt;
            listStart.DisplayMember = "IncomeExpendTypeName";
        }
        private void checkBox1_CheckedChanged(object sender, EventArgs e)
        {
            if (checkBox1.Checked == true)
            {
                txtStart.Enabled = true;
                txtEnd.Enabled = true;
            }
        }
        private void rbtList_CheckedChanged(object sender, EventArgs e)
        {
            if (rbtList.Checked == true)
            {
                listStart.Enabled = true;
                listEnd.Enabled = true;
                btnStart.Enabled = true;
                btnEnd.Enabled = true;
            }
        }
        private void btnStart_Click(object sender, EventArgs e)
        {
            DataTable dt = (DataTable)listStart.DataSource;
            for (int i = 0; i < listStart.SelectedIndices.Count; i++)
            {
                listEnd.Items.Add(dt.Rows[listStart.SelectedIndices[i]]["IncomeExpendTypeName"].ToString());
            }
            listbind();
        }
        private void btnEnd_Click(object sender, EventArgs e)
        {
            for (int i = 0; i < listEnd.SelectedIndices.Count; i++)
                listEnd.Items.RemoveAt(listEnd.SelectedIndices[i]);
        }
        private void btnOK_Click(object sender, EventArgs e)
        {
            string strsql = "select IncomeExpendDetID as ID,IEDatetime as 日期, TypeName as 类别, IncomeExpendTypeName as 类别名称,AccountMoney as 金额, IncomeExpendDet.Remark as 说明 from Income ExpendDet,IncomeExpendType where IncomeExpendDet.IncomeExpend TypeId= IncomeExpendType.IncomeExpendTypeId and IEDatetime between @starttime and @endtime and UserLoginID="+Login.userid;
            if (checkBox1.Checked == true)
            {
                if (txtStart.Text != null && txtEnd.Text != null)
                {
                    strsql += " and AccountMoney>="+this.txtStart.Text+" and AccountMoney<="+this.txtEnd.Text;
                }
```

```csharp
            }
            if (rbtIn.Checked == true)
            {
                strsql += " and TypeName='收入' ";
            }
            else if(rbtExp.Checked==true)
                strsql += "and TypeName='支出' ";
            else if (rbtList.Checked == true)
            {
                strsql += "and IncomeExpendTypeName in('";
                for(int i=0;i<listEnd.Items.Count;i++)
                {
                    strsql+= listEnd.Items[i].ToString() + "','";
                }
                strsql += "')";
            }
            SqlDbHelper sdh = new SqlDbHelper();
            SqlParameter[] sp=new SqlParameter[]{new
                SqlParameter("@starttime",Convert.ToDateTime(this.dtpStart.Text)),new
                SqlParameter("@endtime",Convert.ToDateTime(this.dtpEnd.Text))};
            DataTable dt= sdh.ExecuteDataTable(strsql,CommandType.Text,sp);
            panel1.Visible = false;
            panel2.Visible = true;
            dgvSearch.DataSource = dt;
            txtNum.Text = dt.Rows.Count.ToString();
            double inc=0;
            double exp=0;
            for (int i = 0; i < dt.Rows.Count; i++)
            {
                if (dt.Rows[i][2].ToString() == "收入")
                    inc += Convert.ToDouble(dt.Rows[i][4].ToString());
                else
                    exp += Convert.ToDouble(dt.Rows[i][4].ToString());
            }
            txtInc.Text = inc.ToString();
            txtExp.Text = exp.ToString();
            txtCount.Text = (inc - exp).ToString();
        }
        private void button5_Click(object sender, EventArgs e)
        {
            panel2.Visible = false;
            panel1.Visible = true;
        }
        public static void ExportExcel(string fileName, DataGridView myDGV)
        {
            string saveFileName = "";
            SaveFileDialog saveDialog = new SaveFileDialog();
            saveDialog.DefaultExt = "xls";
            saveDialog.Filter = "Excel 文件|*.xls";
            saveDialog.FileName = fileName;
            saveDialog.ShowDialog();
```

```csharp
saveFileName = saveDialog.FileName;
if (saveFileName.IndexOf(":") < 0) return; //被点了取消
Microsoft.Office.Interop.Excel.Application xlApp = new
    Microsoft.Office.Interop.Excel.Application();
if (xlApp == null)
{
    MessageBox.Show("无法创建 Excel 对象,可能您的机子未安装 Excel");
    return;
}
Microsoft.Office.Interop.Excel.Workbooks workbooks = xlApp.Workbooks;
Microsoft.Office.Interop.Excel.Workbook workbook =
    workbooks.Add(Microsoft.Office.Interop.Excel.XlWBATemplate.xlWBATWorksheet);
//取得 sheet1
Microsoft.Office.Interop.Excel.Worksheet worksheet =
    (Microsoft.Office.Interop.Excel.Worksheet)workbook.Worksheets[1];
//写入标题
for (int i = 0; i < myDGV.ColumnCount; i++)
{
    worksheet.Cells[1, i + 1] = myDGV.Columns[i].HeaderText;
}
//写入数值
for (int r = 0; r < myDGV.Rows.Count; r++)
{
    for (int i = 0; i < myDGV.ColumnCount; i++)
    {
        worksheet.Cells[r + 2, i + 1] = myDGV.Rows[r].Cells[i].Value;
    }
    System.Windows.Forms.Application.DoEvents();
}
worksheet.Columns.EntireColumn.AutoFit();//列宽自适应
if (saveFileName != "")
{
    try
    {
        workbook.Saved = true;
        workbook.SaveCopyAs(saveFileName);
    }
    catch (Exception ex)
    {
        MessageBox.Show("导出文件时出错,文件可能正被打开! \n" + ex.Message);
    }
}
xlApp.Quit();
GC.Collect();                                              //强行销毁
MessageBox.Show("文件:   "+fileName + ".xls 保存成功", "信息提示",
    MessageBoxButtons.OK,MessageBoxIcon.Information);
}
private void button3_Click(object sender, EventArgs e)
{
    ExportExcel("inexp.xls", dgvDisplay);
}
```

步骤 4　程序运行效果如图 6-37 和图 6-38 所示。

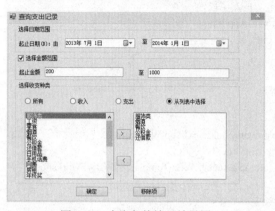

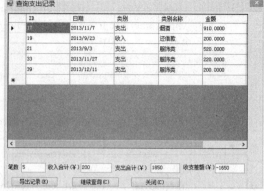

图 6-37　查询条件输入效果图　　　　　图 6-38　查询结果效果图

知识拓展

6.3.3　DataGridView 分页技术

在使用 DataGridView 控件显示信息时，由于 DataGridView 控件不带分页属性，程序员必须自行编程设置每页要显示的记录，计算总的记录数和总页数，并根据用户的翻页操作，完成信息的分页处理。

【例 6-7】日常收支管理分页显示。

【实例说明】该程序主要用来演示 DataGridView 控件的分页操作。程序运行后，在数据网格中显示所有日常收支信息，用户可以通过翻页按钮实现翻页操作，程序显示总页数和当前页信息。在商品信息显示页，可以使用 DataBindingNavigator 控件进行记录的导航操作，运行效果如图 6-39 所示。

【实现过程】

（1）创建一个 C#的 Windows 应用程序，项目名称为 Eg6-7。

（2）在窗体上添加控件，设置各控件的属性，界面设计如图 6-39 所示。

图 6-39　日常收支管理效果图

项目 6 收支记账管理功能实现

（3）程序实现代码如下：

① 定义几个所需的公有成员：

```
int pageSize = 0;        //每页显示行数
int nMax = 0;            //总记录数
int pageCount = 0;       //页数＝总记录数/每页显示行数
int pageCurrent = 0;     //当前页号
int nCurrent = 0;        //当前记录行
DataSet ds = new DataSet();
DataTable dtInfo = new DataTable();
```

② 在 Form_Load 事件中，从数据源读取记录到 DataTable 中：

```
public void databind(object sender, EventArgs e)
{
        con = new SqlConnection("data source=.;database=NoteTaking;integrated security=sspi");
        con.Open();
        string strsql = "select * from IncomeExpendDet where UserLoginID="+Login.userid;
        sda = new SqlDataAdapter(strsql, con);
        scb = new SqlCommandBuilder(sda);
        this.dataGridView1.AutoGenerateColumns = false;
        ds = new DataSet();
        sda.Fill(ds, "ttt");
        dtInfo = ds.Tables["ttt"];
        pageSize = 15;
        nMax = dtInfo.Rows.Count;
        pageCount = nMax % pageSize == 0 ? nMax / pageSize : nMax / pageSize + 1;
        pageCurrent = 1;
        nCurrent = 0;
        LoadData();
        dataGridView1.Columns[0].DataPropertyName = ds.Tables["ttt"].Columns[0].ColumnName;
         dataGridView1.Columns[1].DataPropertyName = ds.Tables["ttt"].Columns[1].ColumnName;
         dataGridView1.Columns[2].DataPropertyName = ds.Tables["ttt"].Columns[2].ColumnName;
         dataGridView1.Columns[3].DataPropertyName = ds.Tables["ttt"].Columns[3].ColumnName;
         dataGridView1.Columns[4].DataPropertyName = ds.Tables["ttt"].Columns[4].ColumnName;
         dataGridView1.Columns[5].DataPropertyName = ds.Tables["ttt"].Columns[5].ColumnName;
        string strsql1 = "select IncomeExpendTypeId,IncomeExpendTypeName from
            IncomeExpendType";
        SqlDataAdapter sda1 = new SqlDataAdapter(strsql1, con);
        sda1.Fill(ds, "t");
        收支类目.DataSource = null;
        收支类目.DataSource = ds.Tables["t"];
        收支类目.DisplayMember = "IncomeExpendTypeName";
        收支类目.ValueMember = "IncomeExpendTypeId";
        con.Close();
}
```

③ 用当前页面数据填充 DataGridView。

```
DataTable dtTemp;
private void LoadData()
```

```csharp
        {
            if (nMax>0)
            {
                int nStartPos = 0;
                int nEndPos = 0;
                dtTemp = dtInfo.Clone();
                if (pageCurrent == pageCount)
                    nEndPos = nMax;
                else
                    nEndPos = pageSize * pageCurrent;
                nStartPos = nCurrent;
                lblCount.Text = "/{" + pageCount.ToString() + "}";
                lblCurrent.Text = pageCurrent.ToString();
                for (int i = nStartPos; i < nEndPos; i++)
                {
                    dtTemp.ImportRow(dtInfo.Rows[i]);
                    nCurrent++;
                }
                bindingSource1.DataSource = dtTemp;
                dataGridView1.DataSource = bindingSource1;
                bindingNavigator1.BindingSource = bindingSource1;
                dtTemp.Columns[2].DefaultValue = Login.userid;
            }
        }
```

④ 菜单响应事件：

```csharp
        private void bdnInfo_ItemClicked(object sender, ToolStripItemClickedEventArgs e)
        {
            if (e.ClickedItem.Text == "关闭")
            {
                this.Close();
            }
            if(e.ClickedItem.Text=="上一页")
            {
                pageCurrent--;
                if (pageCurrent <= 0)
                {
                    MessageBox.Show("已经是第一页，请单击'下一页'查看！");
                    return;
                }
                else
                    nCurrent = pageSize * (pageCurrent - 1);
                LoadData();
            }
            if (e.ClickedItem.Text == "下一页")
            {
                pageCurrent++;
                if (pageCurrent > pageCount)
                {
                    MessageBox.Show("已经是最后一页了，请单击'上一页'查看！");
```

```
                return;
            }
            else
                nCurrent = pageSize * (pageCurrent - 1);
            LoadData();
        }
    }
```

项目拓展

1. 任务

作为承接随笔记项目的软件公司的程序员，负责开发该系统的日常收支记账子模块，请完成：

日常收支记账信息的全选、反选及取消全选。

2. 描述

完善日常收支记账管理的相关功能，在 DataGridView 控件中添加列，给列头名字定义为"全选"，添加 MouseUp 事件，在事件中判断是否全部选中：如果是全部选中，列头命名为"取消全选"；如没有全部选中并且有选中的行，则命名为"反选"；如果一条都没有选中，则命名为"全选"。

任务实现界面如图 6-40 所示。

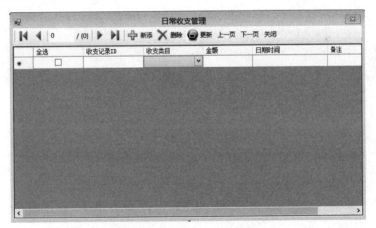

图 6-40 日常记账信息选择界面

3. 要求

界面实现：实现如图 6-40 所示的界面。

功能实现：通过菜单能实现全选、反选及取消全选。

项目小结

本项目讲述了 ADO.NET 断开式数据连接模型，通过使用 DataAdapter 对象、DataSet

对象、DataGridView 控件、DateTimePicker 控件、BindingSource 类、BindingNavigator 控件、ListBox 控件实现收支记账信息浏览功能、收支记账信息编辑功能、收支记账查询功能和收支记账数据分页显示，加深掌握使用面向对象方法抽象出通用数据访问类，通过这个类提供的方法，完成特定的数据库操作，实现在一个项目的各模块之间代码的重用。

习题

1. 简述 ADO.NET 中数据库连接模式和断开模式，指出这两种模式的区别。
2. 理解三层架构开发模型，试着用三层架构开发模式实现日常收支信息的展示功能。

项目 7
报表功能实现

在家庭理财的过程中，我们的随笔记除了要实现记账和管账的功能之外，还有一个重要的工作要完成，那就是对账目进行分析，从而实现账目分类汇总和统计，并且将结果数据以表格或者图表的形式展现出来。本章通过日常收支统计功能的实现、日常收支明细清单两个任务的学习，使读者掌握报表的相关操作。

任务 7.1 日常收支统计功能的实现

学习目标

- 了解报表的相关知识；
- 掌握使用向导配置数据源和生成报表；
- 掌握使用自定义数据集生成报表；
- 掌握报表数据的操作。

任务描述

本任务实现收入类和支出类分别进行统计，将每项收支的笔数、金额和在该类别所占比例都计算和显示出来。运行效果如图 7-1 和图 7-2 所示。

收支项目	笔数	金额	比例	收支项目	笔数	金额	比例
工资	8	42980.0000	96.63%	餐饮	1	1200.0000	9.84%
公积金	1	1300.0000	2.92%	房租	2	840.0000	6.89%
朋友还钱	1	200.0000	0.45%	服饰类1	3	1300.0000	10.66%
收入总计	10	44480.0000		话费	1	89.0000	0.73%
				零食	2	640.0000	5.25%
				日用品	2	5710.0000	46.83%
				网费	2	1280.0000	10.50%
				烟酒	2	1135.0000	9.31%
				支出总计	15	12194.0000	

图 7-1 日常收支统计表

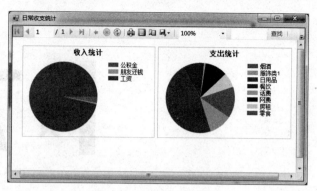

图 7-2　日常收支统计图

技术要点

7.1.1　报表

1．水晶报表

Crystal Reports 通过数据库驱动程序与数据库连接。每个驱动程序都被编写为可处理特定数据库类型或数据库访问技术。拉和推模型是为了向开发人员提供最灵活的数据访问方法，Crystal Reports 数据库驱动程序被设计为可同时提供数据访问的拉模型和推模型。

（1）拉模型 pull

在拉模型中，驱动程序将连接到数据库并根据需要将数据"拉"进来。使用这种模型时，与数据库的连接和为了获取数据而执行的 SQL 命令都同时由 Crystal Reports 本身处理，不需要开发人员编写代码。如果在运行时无须编写任何特殊代码，则使用拉模型。

（2）推模型 push

相反，推模型需要开发人员编写代码以连接到数据库，执行 SQL 命令以创建与报表中的字段匹配的记录集或数据集，并且将该对象传递给报表。该方法可以将连接共享置入应用程序中，并在 Crystal Reports 收到数据之前先将数据筛选出来。

2．RDLC 报表

在 VS .NET 2005（Visual Studio.NET 2005，简称 VS.NET 2005）之前，SQL Server Reporting Services 中已经提供了一种被称为报表定义语言（Report Definition Language, RDL）的语言。在 VS .NET 2005 中，Microsoft 提供了针对这种报表的设计器 ReportViewer，并提供了在 WinForm 和 WebForm 中使用这种报表的能力。Microsoft 将这种报表的后缀定为 RDLC（ReportViewer Control），RDL 仍然是 Report Definition Language 的缩写，那么 C 代表什么呢？C 代表 Client-side processing，凸显了它的客户端处理能力。RDLC 报表具有以下特点：

（1）简单易用的控件，特别是 Table 控件，非常方便字段在报表上的排列。

（2）灵活的可定制性，用 XML 来描述一个报表相关的一切。

（3）高度可编程性，在项目中，甚至不需要有一个报表文件，通过代码就可以实现报表生成、预览和打印等一系列操作。

（4）支持 DrillThrough 数据钻取功能。

（5）导出的 Excel 文件格式非常完美，任何其他报表在这方面都不能与之相比，而且并不需要安装 Excel。

相对于水晶报表而言，RDLC 的配置简单而且自定义功能强大，其图表效果更好，对于复杂表格的呈现效果也非常好，所以本项目中我们使用 RDLC。

7.1.2 ReportView 控件

ReportView 控件（即报表查看器）主要用于处理和显示应用程序中的报表，其视图区域可以显示报表、工具栏和文档结构图。

7.1.3 使用 RDIC 报表

RDIC 报表可以从强类型的 DataSet 中或者自定义的对象集合中获取数据。在实际的程序开发中，数据的获取经常是从业务层取得的 DataSet 或一个泛型集合。

下面介绍使用报表向导实现日常收支统计。

1. 新建窗体，添加和配置 ReportView 控件

（1）将控件拖至窗体。
（2）选中控件后，单击其右上角的小三角可以展开它的智能标记面板。
（3）单击"在父容器中停靠"展开 ReportViewer 控件的视图区域，以便填充窗体的整个区域，如图 7-3 所示。
（4）单击"设计新报表"启动报表设计器，可以在应用程序中创建报表定义文件(.rdlc)。或者单击"选择报表"按钮来选择现有报表定义。

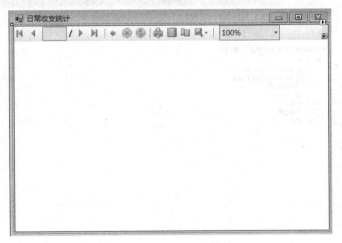

图 7-3　ReportView 控件

2. 报表数据源的建立和配置

通过单击"设计新报表"打开"报表向导"和"数据源配置向导"对话框，来实现数据源的配置和报表的设计过程，如图 7-4 所示。

（1）选择数据源类型为"数据库"，单击"下一步"按钮。
（2）选择数据库模型为"数据集"。
（3）选择或新建数据库连接。
（4）选择数据库对象为 IncomeExpendType（收支类型表），如图 7-5 所示。
（5）单击"完成"按钮，回到"报表向导"对话框内进行报表设计。

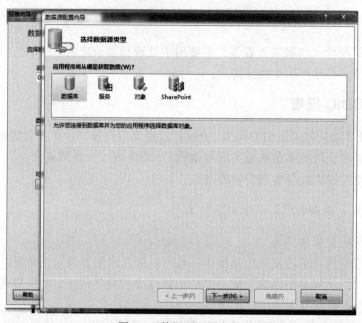

图 7-4　数据源配置向导

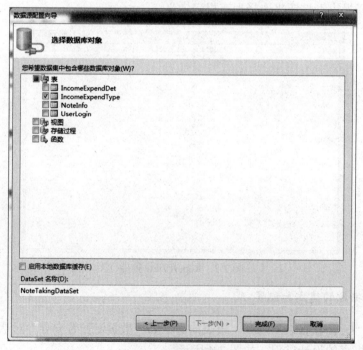

图 7-5　选择数据库对象

3. 报表向导

设置数据集属性，在"名称"文本框中输入要在此报表中使用的数据集名称，在"数据源"下拉列表框中选择已配置的 DataSet，在"可用数据集"下拉列表框中选择该 DataSet 关联的 DataTable 对象，如图 7-6 所示。

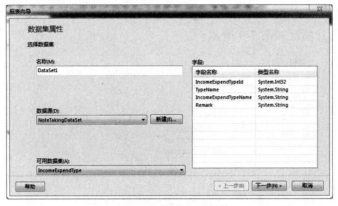

图 7-6　数据集属性

单击"下一步"按钮进入排列字段设置界面，进行报表中表成矩阵的字段设置。

（1）可以将字段从"可用字段"拖至"列组"、"行组"或"值"框中。"列组"框查看显示为矩阵列的字段的列表。"行组"框查看显示为表行或矩阵行的字段的列表。"值"框查看在矩阵的详细信息部分中显示的字段的列表。设置情况如图 7-7 所示。

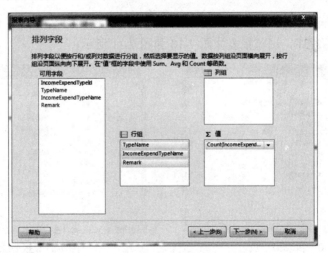

图 7-7　排列字段

（2）选择布局，取消选中"显示小计和总计"和"展开和折叠组"复选框。

（3）选择样式为"通用"。

（4）单击"完成"按钮，生成报表文件 Report1.rdlc。

4. 报表文件设计

（1）删除 TypeName 列，更改列标题如图 7-8 所示。

收支项目	收支详情	收支笔数
[IncomeExpend	[Remark]	[Count(IncomeE
总计		[Count(IncomeE

图 7-8　报表列标题

（2）设置按组分页，在"行组"窗口中右击 TypeName，在弹出的快捷菜单中选择"组属性"命令，打开"组属性"对话框，选择"分页符"选项卡，然后选中"在组的各实例之间"复选框，设计情况如图 7-9 所示。

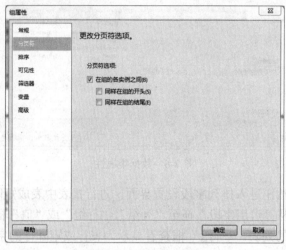

图 7-9　报表分页

（3）返回报表浏览窗口，并为报表浏览器选择之前设计的报表 Eg7_1.Report1.rdlc。

（4）启动应用程序，浏览报表如图 7-10 和图 7-11 所示。

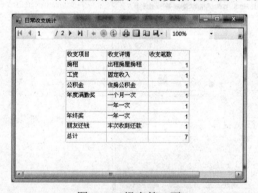

图 7-10　报表第一页

图 7-11　报表第二页

7.1.4　使用自定义数据集定义报表

（1）新建窗体，添加 ReportView 控件。

（2）建立空数据源，在"数据源"窗口或在"数据"菜单中单击"添加数据源"，配置过程与前面的介绍一致，但是在最后一步"选择数据库对象"时，不选择任何对象。

（3）在"数据源"窗口单击"使用设计器编辑数据集"，在打开的窗口中右击，然后添加表。向表中添加字段，注意字段名称与类型必须与通过代码生成的数据集中的字段一致，结果如图 7-12 所示。

（4）添加报表，设置报表数据源为已配置的空数据源。右击报表，在弹出的快捷菜单中选择“Tablix 属性”命令，选择“筛选器”，设置该表只显示“收入”类的信息。复制表格，设置其显示“支出”类的信息。设计效果如图 7-13 和图 7-14 所示。

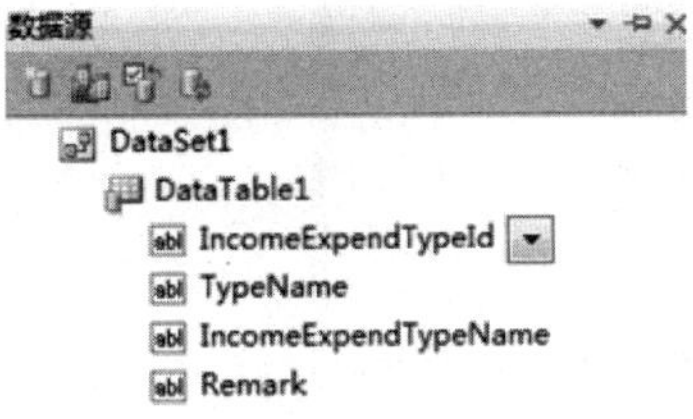

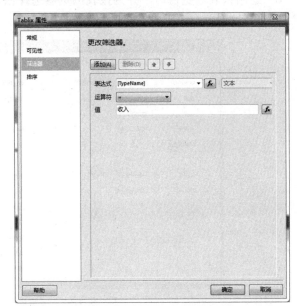

图 7-12　新数据源

图 7-13　报表筛选器

收支项目	收支详情	收支笔数
[IncomeExpendTyp	[Remark]	[Count(Inco
总计		[Count(Inco

收支项目	收支详情	收支笔数
[IncomeExpendTy	[Remark]	[Count(Incom
总计		[Count(Incom

图 7-14　报表设计

（5）添加代码生成数据源。

```
private void reportViewer1_Load(object sender, EventArgs e)
{
    string connstring = "Data Source=WIN-FB8BNQJ9KS0;Initial Catalog=NoteTaking;Integrated Security=True";
    System.Data.SqlClient.SqlConnection conn1 = new
    System.Data.SqlClient.SqlConnection(connstring);
    string sql = "select * from IncomeExpendType";
    System.Data.SqlClient.SqlDataAdapter sda = new System.Data.SqlClient.SqlDataAdapter(sql,
        conn1);
    DataSet ds = new DataSet();
    conn1.Open();
    sda.Fill(ds);
    conn1.Close();
```

```
            this.reportViewer1.LocalReport.DataSources.Clear();
            this.reportViewer1.LocalReport.DataSources.Add(new
                Microsoft.Reporting.WinForms.ReportDataSource("DataSet1", ds.Tables[0]));
            this.reportViewer1.RefreshReport();
        }
```

（6）返回报表浏览窗口，并为报表浏览器选择已设计的报表。

（7）启动应用程序，浏览报表如图 7-15 所示。

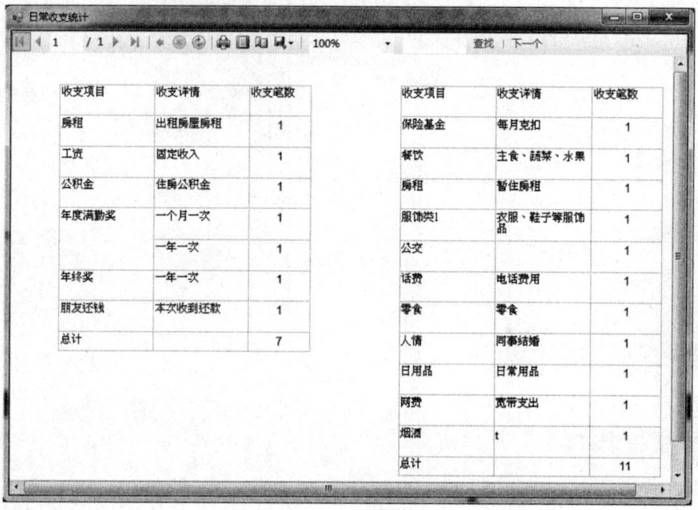

图 7-15　浏览报表

7.1.5　报表数据操作

1. 筛选

筛选器是报表的部件，能够控制报表中的数据。即指定"筛选器公式"后，在处理项时，只包含与筛选条件匹配的数据值。

2. 分组

组可以组织绑定到数据区域的报表数据集中的数据，每一个组就是一个报表数据集视图。在"报表向导"中进行"排列字段"的操作自动创建了分组。此外，还可以根据需要给出组表达式来添加分组。

3. 排序

要控制报表中数据的排列顺序，可以在数据集查询中对数据进行排序，或者为数据区域或组定义排序表达式。

4. 报表参数

使用报表向用户展示结果数据时，实时地在报表中显示某些特定的数据是必需的，如报表信息、打印的日期等。例如，在以上示例中添加报表标题和打印时间。

（1）在报表设计器中添加两个文本框。

（2）在"视图"中打开"报表数据"，右击"参数"，弹出快捷菜单，然后添加参数 title 和 time。

（3）在窗体文件中添加代码：

引用命名空间：using Microsoft.Reporting.WinForms;

在 reportViewer1_Load()方法中"this.reportViewer1.RefreshReport();"之前添加代码：

```
ReportParameter rp1 = new ReportParameter("title", "收支类型情况");
ReportParameter rp2 = new ReportParameter("time", DateTime.Now.ToShortDateString());
this.reportViewer1.LocalReport.SetParameters(new ReportParameter[]{rp1,rp2});
```

（4）设置文本框的 fx 表达式，选择对应参数生成表达式，如图 7-16 所示。

图 7-16　fx 表达式

（5）运行效果如图 7-17 所示。

图 7-17　浏览收支类型报表

任务实现

步骤 1　还原数据库备份，备份文件位于"NoteTaking\DataBase\NoteTaking.bak"路径中。

步骤 2　在项目 NoteTaking 中添加窗体，命名为 frm_DailyCount。

步骤 3　在窗体中添加 ReportView 控件并设置其"在父容器中停靠"。

步骤 4　添加新数据源 DataSet1，并在"数据集设计器"中添加表 dt_DailyCount，其各列设置如图 7-18 所示。

步骤 5　添加报表文件 rpt_DailyTable.rdlc，通过报表向导选择使用已配置好的数据源，生成报表如图 7-19 所示。

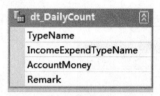

图 7-18　表 dt_DailyCount

Type Name	Income Expend	Account
[TypeName]	[IncomeExpend	[Sum(AccountM

图 7-19　生成报表

提示

由于这里使用两个表分别显示收入和支出两个类型的信息，所以删除第一列的类型名称 TypeName 列。注意只删除列，保留分组。

步骤 6　删除第一列，并在 AccountMoney 的前面和后面各插入一列，即"笔数"和"比例"，设置其值表达式分别为：=Count(Fields!AccountMoney.Value)和=Sum (Fields!Account Money.Value, "IncomeExpendTypeName") /Sum(Fields!AccountMoney.Value," TypeName")，添加 TypeName 组添加总计行。修改其列标题，如图 7-20 所示。

收支项目	笔数	金额	比例
[IncomeExpend	[Count(Acc	[Sum(AccountM	«Expr»
收入总计	[Count(Acc	[Sum(AccountM	

图 7-20　设计报表

步骤 7　设置筛选器，控制表中只显示"收入"类的信息。再添加一张相同的表，设置其只显示"支出"类的信息。

步骤 8　添加两个文本框用于显示标题和对应的时间，通过报表参数传入这两个信息，设计完成后的报表文件如图 7-21 所示。

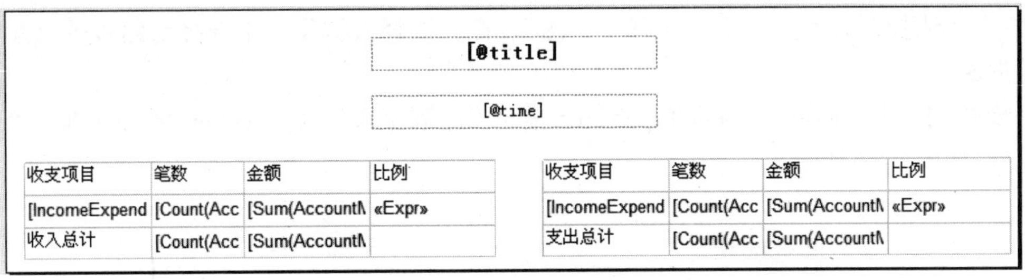

		[@title]						
		[@time]						
收支项目	笔数	金额	比例		收支项目	笔数	金额	比例
[IncomeExpend	[Count(Acc	[Sum(AccountM	«Expr»		[IncomeExpend	[Count(Acc	[Sum(AccountM	«Expr»
收入总计		[Count(Acc	[Sum(AccountM		支出总计		[Count(Acc	[Sum(AccountM

图 7-21　添加标题

步骤 9　在 frm_DailyCount.cs 中添加代码生成数据源。

```
using System.Data.SqlClient;
private void reportViewer1_Load(object sender, EventArgs e)
{
    //建立数据源并获取数据
    string sql = "select TypeName,IncomeExpendTypeName,AccountMoney,a.Remark from dbo.IncomeExpendDet a join dbo.IncomeExpendType b on a.IncomeExpendTypeId=b.IncomeExpendTypeId";
    SqlDbHelper sdh = new SqlDbHelper();
    SqlParameter[] parameters = new SqlParameter[] { };
    DataTable dt = sdh.ExecuteDataTable(sql, CommandType.Text, parameters);
    //绑定报表数据源
    this.reportViewer1.LocalReport.DataSources.Clear();
    this.reportViewer1.LocalReport.DataSources.Add(new
        Microsoft.Reporting.WinForms.ReportDataSource("DataSet1", dt));
    //设置报表参数
    ReportParameter rp1 = new ReportParameter("title", "日常收支统计表");
    ReportParameter rp2 = new ReportParameter("time", DateTime.Now.ToShortDateString());
    this.reportViewer1.LocalReport.SetParameters(new ReportParameter[] { rp1, rp2 });
    this.reportViewer1.RefreshReport();
}
```

步骤 10　运行效果如图 7-22 所示。

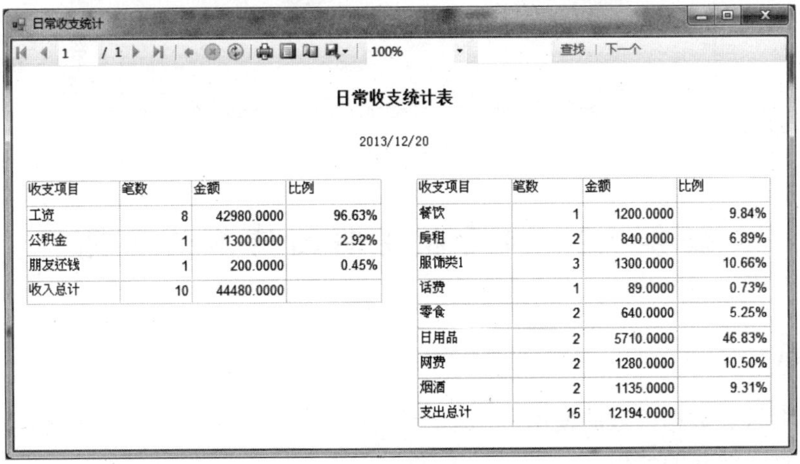

日常收支统计表

2013/12/20

收支项目	笔数	金额	比例	收支项目	笔数	金额	比例
工资	8	42980.0000	96.63%	餐饮	1	1200.0000	9.84%
公积金	1	1300.0000	2.92%	房租	2	840.0000	6.89%
朋友还钱	1	200.0000	0.45%	服饰类1	3	1300.0000	10.66%
收入总计	10	44480.0000		话费	1	89.0000	0.73%
				零食	2	640.0000	5.25%
				日用品	2	5710.0000	46.83%
				网费	2	1280.0000	10.50%
				烟酒	2	1135.0000	9.31%
				支出总计	15	12194.0000	

图 7-22　浏览报表

步骤 11　直接在项目中添加新报表文件 rpt_DailyChart.rdlc，在数据区域右击插入"图表"。在"选择图表类型"页上选择"饼图",在"选择数据集"中选择前面步骤已配置好的数据源。

步骤 12 将 IncomeExpendTypeName 拖至"序列字段",将 AccountMoney 拖至"数据字段",如图 7-23 所示。

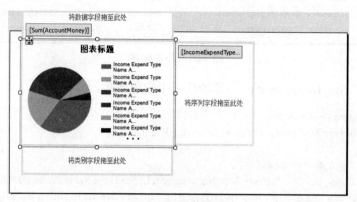

图 7-23 插入图表

步骤 13 右击图表,打开"图表属性页"设置筛选器,控制该饼图只显示"收入"类型的信息。再添加一个饼图,实现显示"支出"类型的信息。

步骤 14 到报表浏览窗口,选择报表为 rpt_DailyChart,注释 frm_DailyCount.cs 中的报表参数设置部分的代码,运行情况如图 7-24 所示。

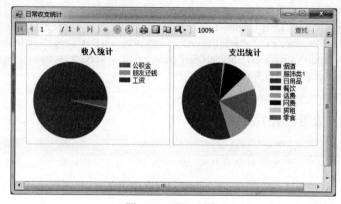

图 7-24 设计图表

任务7.2 日常收支明细清单的实现

学习目标

- ❏ 掌握报表数据区域的使用;
- ❏ 了解表达式的使用;
- ❏ 掌握报表布局和样式的设置。

任务描述

本任务主要将每项收支的详细信息呈现出来，即该项收支产生的日期、说明信息、类别、设计金额等。同时还计算了每产生一笔收支之后的余额，同时还对各项数据进行汇总。界面效果如图 7-25 所示。

图 7-25　浏览报表

技术要点

7.2.1　报表数据区域

数据区域是用于显示基础数据集中重复数据行的数据绑定报表项。数据区域的类型包括：
- 表：逐行显示数据的数据区域。表列是静态的。
- 矩阵：也称作交叉表报表，包含列和行的数据区域。矩阵可以包含动态和静态的列和行。
- 图表：图表以图形方式显示数据。例如，条形图、饼图和折线图等。

单个报表可以包含多个数据区域。每个数据区域可以只包含单个数据集中的数据。若要在单个数据区域中（例如，单个表或图表中）使用多个源的数据，必须在设计报表之前将数据组合到单个数据集中。

7.2.2　表达式

在报表中添加表达式，主要用来定义报表项属性、筛选器、组、排序顺序、连接字符串和参数值。表达式通常以等号"="开头，以 VB（Visual Basic）语言编写。例如，对数据集合中单个项的引用"=Fields!AccountMoney.Value"，对组内的所有数据聚合统计"=Fields!AccountMoney.Value/Sum(Fields!AccountMoney.Value,"Group1")"。

7.2.3　报表布局及样式

报表布局中除了包含数据区域之外，还可以包含页眉和页脚，它们分别位于每一页的顶部和底部。在报表视图中，打开"报表"菜单，选择"页眉"或"页脚"命令即可添加。

也可以直接右击空白区域，在弹出的快捷菜单中选择"插入"→"页眉"或"页脚"命令。

报表项都有相应的样式属性用来控制其外观，这些属性包括边框样式、颜色、字形和填充。在"属性"窗口中编辑该项的属性可以设置其样式属性。

可以为报表项中不同的数据选择应用不同的样式：

❑ 字段 Profit为负值则使文本框文本以红色显示，在该文本框的 Color 属性中使用表达式"=if(Fields!Profit.Value < 0, 'Red', 'Black')"。

❑ 若要对报表中的表每隔一行变换一次颜色，在详细信息行中的每个文本框的BackgroundColor 属性中，使用表达式"=if(RowNumber(Nothing) Mod 2, 'PaleGreen', 'White')"。

❑ 设置数字格式：可以为显示数字字段的文本框设置其属性，如图7-26所示。

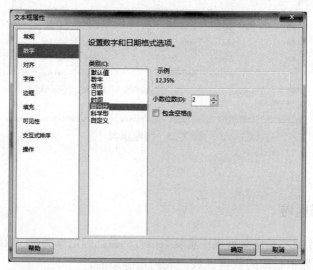

图 7-26　设置数字格式

❑ 设置日期格式：可以为显示日期字段的文本框设置其属性，如图7-27所示。

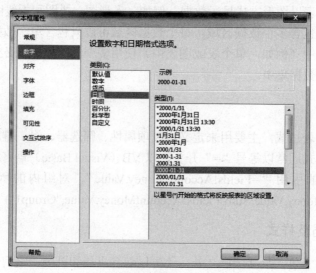

图 7-27　设置日期格式

任务实现

步骤 1 在"数据集设计器"中打开 DS_NoteTaking 数据集,向其中添加表 dt_Detail,并设置各列如图 7-28 所示。

步骤 2 在项目 NoteTaking 中添加报表 rpt_DetailTable,从工具箱拖放"矩阵"到报表中,设置标题如图 7-29 所示。

图 7-28 添加表 dt_Detail

图 7-29 使用矩阵

步骤 3 在 TypeName 上右击,在弹出的快捷菜单中选择"插入列"→"组外部-右侧"命令,在 TypeName 列后面插入新列"余额",设置其值表达式为"=Sum(If(Fields!TypeName.Value='收入', Fields!AccountMoney.Value, -Fields!AccountMoney.Value))",如图 7-30 所示。

步骤 4 在 IncomeExpendTypeName 行组上右击,在弹出的快捷菜单中选择"添加总计"→"晚于"命令添加总计,如图 7-31 所示。

图 7-30 插入列

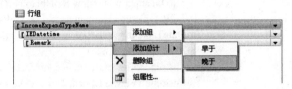

图 7-31 添加总计

步骤 5 在属性窗口中设置标题行的 BackgroundColor 为 Lavender,FontWeight 为 Bold。对总计行也进行相同的设置。将显示金额文本框的 Color 设置为 Blue,右击表,在"主体属性"中将其设置为"无边框"。设置显示日期文本框,如图 7-32 所示。

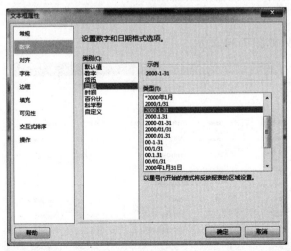

图 7-32 设置日期格式

步骤 6 添加页眉、页脚,将前面步骤已设置好的标题和时间文本框拖入页眉区域。设置在"总计"行、"日期"列文本框的值表达式为：="共有"&CStr(Count(Fields! IEDatetime. Value, 'DataSet1'))&"条收支记录"。将该文本框拖入页脚区域并设置好位置和格式，如图7-33所示。

图7-33 添加页眉页脚

步骤7 在frm_DailyCount.cs中添加代码：

```
private void reportViewer1_Load(object sender, EventArgs e)
{
    //建立数据源并获取数据
    string sql = "select IEDatetime,IncomeExpendTypeName,a.Remark,TypeName,AccountMoney from dbo.IncomeExpendDet a join dbo.IncomeExpendType b on a.IncomeExpendTypeId=b.IncomeExpendTypeId where year(a.IEDatetime)=2013 and month(a.IEDatetime)=11";
    SqlDbHelper sdh = new SqlDbHelper();
    SqlParameter[] parameters = new SqlParameter[] { };
    DataTable dt = sdh.ExecuteDataTable(sql, CommandType.Text, parameters);
    //绑定报表数据源
    this.reportViewer1.LocalReport.DataSources.Clear();
    this.reportViewer1.LocalReport.DataSources.Add(new Microsoft.Reporting.WinForms.ReportDataSource("DataSet1", dt));
    //设置报表参数
    ReportParameter rp1 = new ReportParameter("title", "日常收支明细清单");
    ReportParameter rp2 = new ReportParameter("time", DateTime.Now.ToShortDateString());
    this.reportViewer1.LocalReport.SetParameters(new ReportParameter[] { rp1, rp2 });
    this.reportViewer1.RefreshReport();
}
```

步骤8 运行效果如图7-34所示。

图7-34 浏览报表

知识拓展

7.2.4 导出报表

RDLC 报表导出到 Excel 中的效果非常好，可以直接使用 Report Viewer 控件自带的按钮生成 Excel 文件，也可以使用如下代码来完成操作：

```
using Microsot.Reporting.WinForms.Warning[] Warnings;
using string[] strStreamIds;
using string strMimeType;
using string strEncoding;
using string strFileNameExtension;
byte[] bytes = this.rptViewer.LocalReport.Render("Excel", null, out strMimeType, out strEncoding, out strFileNameExtension, out strStreamIds, out Warnings);
string strFilePath = @"D:\report.xls";
using (System.IO.FileStream fs = new FileStream(strFilePath, FileMode.Create))
{
    fs.Write(bytes, 0, , bytes.Length);
}
```

项目拓展

7.2.5 完善报表功能

完善项目中的报表功能，实现由用户自己确定要查询那个时间段的收支情况，添加一个日期选择器，如图 7-35 所示。

图 7-35 日期选择器

- 按月份：显示供用户选择年份和月份的下拉列表框，单击"确定"按钮之后能够浏览相应年份和月份的收支情况。
- 按季度：显示供用户选择年份和季度的下拉列表框，单击"确定"按钮之后能够浏览相应年份和季度的收支情况。
- 按年份：只显示供用户选择年份的下拉列表框，单击"确定"按钮之后能够浏览相应年份的收支情况。
- 自定义：显示供用户选择开始日期和结束日期的下拉列表框，单击"确定"按钮之后能够浏览这个时间段的收支情况。

7.2.6 完善报表浏览界面

在项目的报表浏览器中隐藏自带的工具栏，添加各控件并实现相应功能，如图 7-36 所示。

图 7-36　自定义 ReportView 工具栏

项目小结

RDLC 的配置简单而且自定义功能强大，其图表效果非常好。

使用报表向导来定义报表的步骤：

（1）添加和配置 ReportView 控件。

（2）建立和配置数据源。

（3）对数据源进行字段排列和布局，生成报表文件。

（4）设计报表文件。

使用自定义数据集定义报表的步骤：

（1）添加 ReportView 控件。

（2）建立空数据源。

（3）在数据源中添加表及表中字段。

（4）添加报表。

（5）添加代码设置数据源。

根据具体的需要还可以对报表数据进行筛选、分组、排序和设置报表参数。

报表数据的呈现方式可以是表格、矩阵、图表等，同时还可以进行布局控制和外观设计。

习题

1. 采用报表向导实现统计收支类型。
2. 采用自定义数据集实现统计收支类型。
3. 将"日常收支明细清单"中负数显示为红色并进行分页处理，每页显示 5 条记录。

项目 8 系统管理模块实现

为了确保系统的数据安全，在系统操作失误或系统故障导致数据丢失时，能尽快地恢复系统的数据保证数据不丢失，需要对数据进行备份/恢复。数据备份是容灾的基础，是将全部或部分数据集合复制到其他存储介质的过程。一旦发生数据丢失或数据破坏等情况，要由系统管理员及时进行备份数据恢复，以免造成更大的损失。

本项目主要通过使用 OpenFileDialog 控件、SaveFileDialog 控件等数据备份和恢复语句，实现随笔记系统中数据库备份/恢复等功能。

任务 8.1 数据备份功能实现

学习目标

- 对话框控件的使用；
- ProgressBar控件的使用；
- 数据库备份和恢复的设计与实现。

任务描述

本任务使用 SaveFileDialog 控件，SQL 数据备份语句完成随笔记系统管理模块中数据库的备份功能的界面设计和功能实现，如图 8-1 所示。

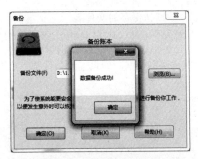

图 8-1 数据库备份

技术要点

8.1.1 SaveFileDialog 控件

SaveFileDialog 控件是保存文件对话框，主要用于两种情况，一种是保存，另一种是另存为，保存很简单，就是在文件已经打开的情况下，再把文件写一遍。保存文件对话框基本属性如表 8-1 所示。

表 8-1 SaveFileDialog 基本属性

属 性 名 称	说　　明
InitialDirectory	获取或设置文件对话框显示的初始目录
RestoreDirectory	设置对话框在关闭前是否还原当前目录（InitialDirectory 目录）
Filter	获取或设置当前文件名筛选器字符串，例如，"文本文件(*.txt)|*.txt|所有文件(*.*)|*.*"
FilterIndex	获取或设置文件对话框中当前选定筛选器的索引。注意，索引项是从 1 开始的
FileName	获取在文件对话框中选定保存文件的完整路径或设置显示在文件对话框中要保存的文件名
Title	获取或设置文件对话框标题
AddExtension	设置如果用户省略扩展名，对话框是否自动在文件名中添加扩展名
DefaultExt	获取或设置默认文件扩展名
CheckFileExists	在对话框返回之前，如果用户指定的文件不存在，对话框是否显示警告。（默认为 False,与 openFileDialog 相反）
CheckPathExists	在对话框返回之前，如果用户指定的文件不存在，对话框是否显示警告。（默认为 False,与 openFileDialog 相反）
OverwritePrompt	在对话框返回之前，如果用户指定保存的文件名已存在，对话框是否显示警告
CreatePrompt	在保存文件时，如果用户指定的文件不存在，对话框是否提示"用户允许创建该文件"
ShowHelp	设置文件对话框中是否显示"帮助"按钮
DereferenceLinks	设置是否返回快捷方式引用的 exe 文件的位置

下面示例代码用于演示打开文件对话框：

```
SaveFileDialog sfd = new SaveFileDialog();
sfd.InitialDirectory = @"D:\";   //对话框初始路径
sfd.FileName = "config.txt";    //默认保存的文件名
sfd.Filter = "C#文件(*.cs)|*.cs|文本文件(*.txt)|*.txt|所有文件(*.*)|*.*";
sfd.FilterIndex = 2;             //默认就选择在文本文件(*.txt)过滤条件上
sfd.DefaultExt = ".xml"; //默认保存类型，如果过滤条件选"所有文件(*.*)"且保存名没写后缀，则补充该默认值
sfd.DereferenceLinks = false;  //返回快捷方式路径而不是快捷方式映射的文件路径
sfd.Title = "保存对话框";
sfd.RestoreDirectory = true;  //每次打开都回到 InitialDirectory 设置初始路径
sfd.ShowHelp = true;           //对话框多了个"帮助"按钮
sfd.HelpRequest +=new EventHandler(sfd_HelpRequest); //注册帮助按钮的事件
```

```
    if(sfd.ShowDialog() == DialogResult.OK)
    {
        string filePath = sfd.FileName;   //文件路径
    }
```

8.1.2 文件浏览对话框 FolderBrowserDialog

FolderBrowserDialog 选择目录对话框基本属性如表 8-2 所示。

表 8-2 FolderBrowserDialog 基本属性

属性名称	说明
Description	获取或设置对话框中在树视图控件上显示的说明文本
RootFolder	获取或设置从其开始浏览的根文件夹，该属性返回的是 SpecialFolder 类型的数据
SelectedPath	获取或设置用户选定目录的完整路径
ShowNewFolderButton	设置是否在文件夹浏览对话框中显示"新建文件夹"按钮

```
FolderBrowserDialog fbd = new FolderBrowserDialog();
fbd.RootFolder = Environment.SpecialFolder.Desktop;  //设置默认根目录是桌面
fbd.Description = "请选择文件目录:";                   //设置对话框说明
if (fbd.ShowDialog() == DialogResult.OK)
{
    string filePath = fbd.SelectedPath;
}
```

8.1.3 数据库备份

大到自然灾害，小到病毒感染、电源故障乃至操作员操作失误等，都会影响数据库系统的正常运行或数据库的损坏，甚至造成系统完全瘫痪。数据库备份和恢复对于保证系统的可靠性具有重要的作用。经常性的备份可以有效地防止数据丢失，能够把数据库从错误的状态恢复到正确的状态。如果用户采取适当的备份策略，就能够以最短的时间使数据库恢复到数据损失量最少的状态。

SQL Server 2008 提供了 4 种数据备份方式，分别是完整备份、差异备份、事务日志备份、文件和文件组备份。

1. 完整备份

备份整个数据库的所有内容，包括事务日志。该备份类型需要比较大的存储空间来存储备份文件，备份时间也较长，在还原数据时也只要还原一个备份文件。

2. 差异备份

差异备份是完整备份的补充，只备份上次完整备份后更改的数据。相对于完整备份来说，差异备份的数据量比完整数据备份小，备份的速度也比完整备份要快。因此，差异备份通常作为常用的备份方式。在还原数据时，要先还原前一次做的完整备份，然后还原最后一次所做的差异备份，这样才能让数据库里的数据恢复到与最后一次差异备份时的内容相同。

3. 事务日志备份

事务日志备份只备份事务日志里的内容。事务日志记录了上一次完整备份或事务日志备份后数据库的所有变动过程。事务日志记录的是某一段时间内的数据库变动情况，因此在进行事务日志备份之前，必须要进行完整备份。与差异备份类似，事务日志备份生成的文件较小、占用时间较短，但是在还原数据时，除了先要还原完整备份之外，还要依次还原每个事务日志备份，而不是只还原最后一个事务日志备份（这是与差异备份的区别）。

4. 文件和文件组备份

如果在创建数据库时，为数据库创建了多个数据库文件或文件组，可以使用该备份方式。使用文件和文件组备份方式可以只备份数据库中的某些文件，该备份方式在数据库文件非常庞大时十分有效，由于每次只备份一个或几个文件或文件组，可以分多次来备份数据库，避免大型数据库备份的时间过长。另外，由于文件和文件组备份只备份其中一个或多个数据文件，当数据库里的某个或某些文件损坏时，可能只还原损坏的文件或文件组备份。

5. 数据备份语句：backup database 数据库名 to disk='保存路径/dbName.bak'，例如：

```
backup database NoteTaking to disk='d:\backup\1.bak';
```

如果这里不指定明确路径的话，那么备份的数据库将会自动备份到系统指定的目录下：C:\Program Files\Microsoft SQL Server\MSSQL.1\MSSQL\Backup。

任务实现

步骤 1 在项目 NoteTaking 中添加窗体，命名为 BkData。

步骤 2 在窗体中添加控件并设置其属性，数据备份功能的窗体及相关控件的布局如图 8-2 所示，属性设置如表 8-3 所示。

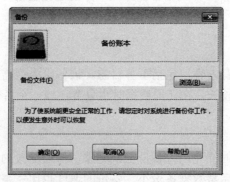

图 8-2 数据备份窗体界面

表 8-3 属性设置

对象名称	属性名称	属性值
窗体（Form）	Name	FrmBkData
	Text	备份
标签（Label）1	Text	备份账本
标签（Label）2	Text	为了使系统能更安全正常的工作，请您定时对系统进行备份你工作，以便发生意外时可以恢复
标签（Label）3	Text	备份文件（&F）
图片框（Picture）1	Image	选择"备份"图片
按钮（Button）1	Name	btnbrowse
	Text	浏览（&B）
按钮（Button）2	Name	btnOK
	Text	确定（&O）
按钮（Button）3	Name	btnCancel
	Text	取消（&X）
按钮（Button）4	Name	btnHelp
	Text	帮助（&H）
文本框（TextBox）1	Name	txtPath

步骤 3 在 BkData .cs 文件中添加代码。

```csharp
using System;
using System.Collections.Generic;
using System.ComponentModel;
using System.Data;
using System.Drawing;
using System.Linq;
using System.Text;
using System.Windows.Forms;
using System.Data .SqlClient ;
namespace NoteTaking
{
    public partial class FrmBkData : Form
    {
        public FrmBkData()
        {
            InitializeComponent();
        }
        string path = "";
        public bool DataBakeup(string path)
        {
            using (SqlConnection conn = new SqlConnection("Data Source=(local);Initial Catalog=NoteTaking;Integrated Security=SSPI;"))
```

```csharp
            {
                string backupstr = String.Format ("backup database NoteTaking to disk='{0}';",path);
                using (SqlCommand command = new SqlCommand(backupstr, conn))
                {
                    try
                    {
                        conn.Open();
                        command.ExecuteNonQuery();
                        return true;
                    }
                    catch (Exception ex)
                    {
                        MessageBox.Show(ex.Message);
                        return false;
                    }
                    finally
                    {
                        conn.Close();
                        conn.Dispose();
                    }
                }
            }
        private void btnOK_Click(object sender, EventArgs e)
        {
            if (path == ""||pathtxt.Text =="")
            {
                MessageBox.Show("请先选择备份路径!");
            }
            else
            {
                if (DataBakeup(path))
                    MessageBox.Show("备份成功!");
                else
                    MessageBox.Show("备份失败!");
            }
        }
        private void btnbrowse_Click(object sender, EventArgs e)
        {
            SaveFileDialog saveFileDialog = new SaveFileDialog();
            saveFileDialog.Title = "数据库备份";
            saveFileDialog.Filter = "备份文件(*.bak)|*.bak|所有文件|*.*";
            saveFileDialog.RestoreDirectory = true;
            saveFileDialog1.CreatePrompt = true;
            if (saveFileDialog.ShowDialog() == DialogResult.OK)
            {
                path = saveFileDialog.FileName;
                txtpath.Text = path;
            }
        }
        private void btnCancle_Click(object sender, EventArgs e)
```

```
            {
                txtpath.Clear();
                path = "";
                txtpath.Focus();
            }
        }
    }
```

步骤 4　调试与运行程序。

知识拓展

8.1.4　字体对话框 FontDialog

在文字处理中常用到字体，现在就来做一个最常见的字体对话框（FontDialog）。字体对话框基本属性如表 8-4 所示。

表 8-4　FontDialog 基本属性

属性名称	说　　明
ShowColor	控制是否显示颜色选项
AllowScriptChange	是否显示字体的字符集
Font	在对话框显示的字体
AllowVerticalFonts	是否可选择垂直字体
Color	在对话框中选择的颜色
FontMustExist	当字体不存在时是否显示错误
MaxSize	可选择的最大字号
MinSize	可选择的最小字号
ScriptsOnly	显示排除 OEM 和 Symbol 字体
ShowApply	是否显示"应用"按钮
ShowEffects	是否显示下划线、删除线、字体颜色选项
ShowHelp	是否显示"帮助"按钮

```
FontDialog fontDialog=new FontDialog();
fontDialog.Color=richTextBox1.ForeColor;
fontDialog.AllowScriptChange=true;      //显示字体的字符集
fontDialog.ShowColor=true;              //显示颜色选项
if(fontDialog.ShowDialog()!=DialogResult.Cancel)
{
    richTextBox1.SelectionFont=fontDialog.Font;   //将当前选定的文字改变字体
}
```

常用的事件主要有单击"应用"按钮时要处理的事件 Apply，以及单击"帮助"按钮时要处理的事件 HelpRequest。

8.1.5 颜色对话框 ColorDialog

颜色对话框（ColorDialog）也是常见的对话框之一，下面介绍在C#中是如何操作颜色对话框的。使用 ColorDialog 组件显示调色板。颜色对话框基本属性如表 8-5 所示。

表 8-5 ColorDialog 基本属性

属 性 名 称	说　　明
AllowFullOpen	禁止和启用"自定义颜色"按钮
FullOpen	是否最先显示对话框的"自定义颜色"部分
ShowHelp	是否显示"帮助"按钮
Color	在对话框中显示的颜色
AnyColor	显示可选择任何颜色
CustomColors	是否显示自定义颜色
SolidColorOnly	是否只能选择纯色

```
ColorDialog colorDialog=new ColorDialog();
colorDialog.AllowFullOpen=true;
colorDialog.FullOpen=true;
colorDialog.ShowHelp=true;
if(colorDialog.ShowDialog()==DialogResult.OK)
richTextBox1.SelectionColor=colorDialog.Color;
```

8.1.6 打印对话框 PrintDialog

在.NET 环境中，说到打印，就不能不说 PrintDocumet 类，PrintDocument 属于 System.Drawing.Printing 这个名字空间，PrintDocument 类是实现打印的核心代码。

如果要实现打印，就必需首先构造 PrintDocument 对象添加打印事件：printDocument.PrintPage+=new PrintPageEventHandler(this.printDocument_PrintPage)，打印其实也是调用 Graphics()类的方法进行画图。对话框基本属性如表 8-6 所示。

表 8-6 PrintDialog 基本属性

属 性 名 称	说　　明
AllowPrintToFile	禁止或使用"打印到文件"复选框
AllowSelection	禁止或使用"选定内容"单选框
AllowSomePages	禁止或使用"页"单选按钮
Document	从中获取打印机设置的 PrintDocument
PrintToFile	"打印到文件"复选框是否选中
ShowHelp	控制是否显示"帮助"按钮
ShowNetWork	控制是否显示"网络"按钮

页面设置（PageSetupDialog），对话框基本属性如表 8-7 所示。

表 8-7　PageSetupDialog 基本属性

属性名称	说　　明
AllowMargins	设置是否可以对边距的编辑
AllowOrientation	是否可以使用"方向"单选按钮
AllowPaper	设置是否可以对纸张大小的编辑
AllowPrinter	设置是否可以使用"打印机"按钮
Document	获取打印机设置的 PrintDocument
MinMargins	允许用户选择的最小边距

【例 8-1】页面设置与打印。

【实例说明】本实例主要用来演示对话框的各种属性、事件和方法的使用。程序运行后显示窗体，窗体中绘制一行文本和一组同心圆，当按下"打印"按钮时，如正确地安装了打印机，则打印出相应的文本和同心圆；当按下"页面设置"按钮时，打开"页面设置"对话框，可对打印纸张进行设置。当单击"打印预览"按钮时，打开"打印预览"对话框，可预览文本和同心圆的打印效果。

【实现过程】

（1）创建一个 C#的 Windows 应用程序，项目名称为 Eg8-1。

（2）界面设计，窗体及控件的属性设置如表 8-8 所示，界面设计如图 8-3 所示。

图 8-3　打印测试界面设计

表 8-8　属性设置

对象名称	属性名称	属性值
窗体（Form）	Name	FrmPrint
	Text	打印测试
按钮 Button1	Name	btnPrint
	Text	打印
按钮 Button2	Name	btnPrintPre
	Text	打印预览

续表

对象名称	属性名称	属性值
按钮 Button3	Name	btnPageSetup
	Text	页面设置
打印文档 printDocument1	Name	printDocument1

（3）功能实现，为按钮添加 Click 事件代码。

```csharp
using System;
using System.Collections.Generic;
using System.ComponentModel;
using System.Data;
using System.Drawing;
using System.Linq;
using System.Text;
using System.Windows.Forms;
namespace Eg8_1
{
    public partial class FrmPrint : Form
    {
        public FrmPrint()
        {
            InitializeComponent();
        }
        private void Form1_Paint(object sender, PaintEventArgs e)
        {
            Graphics g = e.Graphics; //创建画板，这里的画板是由 Form 提供的
            g.DrawString("这是一组同心圆", this.Font, Brushes.Black, 80, 20);
            g.DrawEllipse(Pens.Red, 40, 40, 160, 160);
            g.DrawEllipse(Pens.Purple, 60, 60, 120, 120);
            g.DrawEllipse(Pens.Blue, 80, 80, 80, 80);
            g.DrawEllipse(Pens.Green, 100, 100, 40, 40);
        }
        private void btnPrint_Click(object sender, EventArgs e)
        {
            PrintDialog printdlg = new PrintDialog();
            if (printdlg.ShowDialog ()!= DialogResult.Cancel)
            {
                try
                {
                    printDocument1.Print();
                }
                catch (Exception ex)
                {
                    MessageBox.Show(ex.Message);
                }
            }
        }
        private void btnPrintPre_Click(object sender, EventArgs e)
```

```
        {
            PrintPreviewDialog ppdlg = new PrintPreviewDialog();
            ppdlg.Document = printDocument1;
            ppdlg.ShowDialog();
        }
        private void btnPageSetup_Click(object sender, EventArgs e)
        {
            PageSetupDialog psdlg = new PageSetupDialog();
            psdlg.Document = printDocument1;
            psdlg.ShowDialog();
        }
        private void printDocument1_PrintPage(object sender, System.Drawing.Printing.PrintPageEventArgs e)
        {
            Graphics g = e.Graphics; //创建画板，这里的画板是由 Form 提供的
            g.DrawString("这是一组同心圆", this.Font, Brushes.Black, 80, 20);
            g.DrawEllipse(Pens.Red, 40, 40, 160, 160);
            g.DrawEllipse(Pens.Purple, 60, 60, 120, 120);
            g.DrawEllipse(Pens.Blue, 80, 80, 80, 80);
            g.DrawEllipse(Pens.Green, 100, 100, 40, 40);
        }
    }
}
```

运行结果如图 8-4、图 8-5 和图 8-6 所示。

图 8-4　打印测试运行　　　　图 8-5　打印预览　　　　图 8-6　打印页面设置

任务 8.2　数据恢复功能实现

任务描述

本任务使用 OpenFileDialog 控件和 SQL 数据恢复语句，完成随笔记项目管理模块中数据库恢复功能的界面设计和功能实现，如图 8-7 所示。

图 8-7 数据库恢复

技术要点

8.2.1 OpenFileDialog 控件

Windows 窗体中的 OpenFileDialog 控件为打开文件对话框,其功能是用来提示用户打开文件。用户可以通过该对话框浏览本地计算机以及网络中任何计算机上的文件夹,并选择打开一个或多个文件,返回用户在对话框中选定的文件路径和名称,文件对话框基本属性如表 8-9 所示。

表 8-9 OpenFileDialog 基本属性

属性名称	说 明
InitialDirectory	获取或设置文件对话框显示的初始目录
RestoreDirectory	设置对话框在关闭前是否还原当前目录(InitialDirectory 目录)
Filter	获取或设置当前文件名筛选器字符串,例如,"文本文件(*.txt)|*.txt|所有文件(*.*)|*.*"
FilterIndex	获取或设置文件对话框中当前选定筛选器的索引。注意,索引项是从 1 开始的
FileName	获取在文件对话框中选定打开的文件的完整路径或设置显示在文件对话框中的文件名。注意,如果是多选(Multiselect),获取的将是在选择对话框中排第一位的文件名(不论你的选择顺序如何)
FileNames	获取对话框中所有选定文件的完整路径
SafeFileName	获取在文件对话框中选定的文件名
SafeFileNames	获取对话框中所有选定文件的文件名
Multiselect	设置是否允许选择多个文件
Title	获取或设置文件对话框标题
CheckFileExists	在对话框返回之前,如果用户指定的路径不存在,对话框是否显示警告
CheckPathExists	在对话框返回之前,如果用户指定的路径不存在,对话框是否显示警告
ShowHelp	设置文件对话框中是否显示"帮助"按钮
DereferenceLinks	设置是否返回快捷方式引用的 exe 文件的位置
ShowReadOnly	设置文件对话框是否包含只读复选框
ReadOnlyChecked	设置是否选定只读复选框

常用的方法如下。
- ShowDialog()：弹出文件对话框。
- OpenFile()：打开用户选定的具有只读权限的文件。

常用事件如下。
- FileOk：当用户单击文件对话框中的"打开"或"保存"按钮时发生。
- HelpRequest：当用户单击通用对话框中的"帮助"按钮时发生（记住ShowHelp属性要先为True）。

```csharp
OpenFileDialog opd = new OpenFileDialog();
opd.InitialDirectory = @"D:\";    //对话框初始路径
opd.Filter = "C#文件(*.cs)|*.cs|文本文件(*.txt)|*.txt|所有文件(*.*)|*.*";
opd.FilterIndex = 2;              //默认选择在文本文件(*.txt)过滤条件上
opd.DereferenceLinks = false;    //返回快捷方式路径而不是快捷方式映射的文件路径
opd.Title = "打开对话框";
opd.RestoreDirectory = true;  //每次打开都到 InitialDirectory 设置初始路径
opd.ShowHelp = true;           //对话框多了个"帮助"按钮
opd.ShowReadOnly = true;       //对话框多了"只读打开"的复选框
opd.ReadOnlyChecked = true;    //默认选中"只读打开"复选框
opd.HelpRequest +=new EventHandler(opd_HelpRequest); //注册帮助按钮事件
if(opd.ShowDialog() == DialogResult.OK)
{
    string filePath = opd.FileName;   //文件路径
    string fileName = opd.SafeFileName; //文件名
}
```

8.2.2 数据库恢复

数据恢复语句如下：
restore database 数据库名 from disk='保存路径'。
例如：

restore database NoteTaking from disk='d:\backup\1.bak';

提示

备份到哪里去就要从哪里来还原。

执行后会出现什么呢？可能会出现下面几种情况：

1. 错误消息

- 消息3159，级别16，状态1，第1行尚未备份数据库 "NoteTaking" 的日志尾部。如果该日志包含不希望丢失的工作，请使用BACKUP LOG WITH NORECOVERY备份该日志，使用RESTORE语句的WITH REPLACE或WITH STOPAT子句来只覆盖该日志的内容。
- 消息3013，级别16，状态1，第1行RESTORE DATABASE正在异常终止。

为什么会出现这种错误？是因为数据库的恢复模式是完整的，所以它的功能是将所有事务都写入日志，把所有数据库文件都还原。

解决方法一：因为现在还原只是数据库文件并没有备份日志文件，所以要再去备份日志文件。

```
backup log NoteTaking to disk='d:\backup\2.bak'           --备份日志文件
restore database NoteTaking from disk='d:\backup\1.bak'   --再去还原数据库
restore log NoteTaking from disk='d:\backup\2.bak'        --这步可有可无
```

解决方法二：虽然恢复模式是完整的，但要覆盖它也是可以的，只是对数据库的操作日志没有完全还原而已。根据错误消息中的提示：使用 RESTORE 语句的 WITH REPLACE 或 WITH STOPAT 子句来只覆盖该日志的内容。

程序语句如下：

```
restore database NoteTaking from disk='d:\backup\1.bak' WITH REPLACE;
```

2. 错误消息

- 消息3101，级别16，状态1，第1行，因为数据库正在使用，所以无法获得对数据库的独占访问权。
- 消息3013，级别16，状态1，第1行，RESTORE DATABASE 正在异常终止。

如果要还原的项目数据库正在使用的话是不能成功还原的，这时需要关闭使用该数据库的所有进程后才能执行恢复操作。关闭数据库的进程可以采用一个存储过程来解决。

（1）先创建存储过程 prokillspid

```
CREATE PROCEDURE prokillspid (@dbname varchar(20))
AS
BEGIN
declare @sql nvarchar(500)
declare @spid int
set @sql='declare getspid cursor for
select spid from sysprocesses where dbid=db_id('''+@dbname+''')'
exec (@sql)
open getspid
fetch next from getspid into @spid
while @@fetch_status <>-1
BEGIN
exec('kill '+@spid)
fetch next from getspid into @spid
END
close getspid
deallocate getspid
END
GO
```

（2）执行恢复语句

```
exec prokillspid 'NoteTaking';
restore database NoteTaking from disk='d:\backup\1.bak';
```

提示

恢复数据库操作比备份数据库操作要复杂些,恢复过程中应连接 master 数据库。

任务实现

步骤 1 在项目 NoteTaking 中添加窗体,命名为 ResData。

步骤 2 在窗体中添加控件并设置其属性,数据恢复功能的窗体及相关控件的布局如图 8-8 所示,属性设置如表 8-10 所示。

表 8-10 属性设置

对 象 名 称	属 性 名 称	属 性 值
窗体(Form)	Name	FrmResData
	Text	恢复
标签(Label)1	Text	数据恢复
标签(Label)3	Text	恢复文件(&F)
图片框(Picture)1	Image	选择"恢复"图片
按钮(Button)1	Name	btnbrowse
	Text	浏览(&B)...
按钮(Button)2	Name	btnOK
	Text	确定(&O)
按钮(Button)3	Name	btnCancel
	Text	取消(&X)
按钮(Button)4	Name	btnHelp
	Text	帮助(&H)
文本框(TextBox)1	Name	txtPath

图 8-8 数据恢复窗体界面

步骤 3 在 ResData.cs 文件中添加代码如下:

```
using System;
```

```csharp
using System.Collections.Generic;
using System.ComponentModel;
using System.Data;
using System.Drawing;
using System.Linq;
using System.Text;
using System.Windows.Forms;
using System.Data.SqlClient;
using System.Collections;
namespace NoteTaking
{
    public partial class FrmResData : Form
    {
        public FrmResData()
        {
            InitializeComponent();
        }
        private void btnbrowse_Click(object sender, EventArgs e)
        {
            OpenFileDialog openFileDialog = new OpenFileDialog();
            openFileDialog.InitialDirectory = "D:\\";
            openFileDialog.Filter = "备份文件(*.bak)|*.bak|所有文件|*.*";
            openFileDialog.Title = "恢复数据库";
            openFileDialog.RestoreDirectory = true;
            if (openFileDialog.ShowDialog() == DialogResult.OK)
            {
                txtpath.Text =openFileDialog.FileName;
            }
        }
        private bool RestoreDatabase(string pathstr)
        {//这里一定要是 master 数据库，而不能是要还原的数据库
            using (SqlConnection conn = new SqlConnection())
            {
                conn.ConnectionString = "Data Source=.;Initial Catalog=master;Integrated Security=sspi";
                conn.Open();
                using (SqlCommand command = new SqlCommand())
                {
                    command.Connection = conn;
                    command.CommandType = CommandType.StoredProcedure;
                    command.CommandText = "prokillspid";
                    command.Parameters.Add(new SqlParameter("@dbname",SqlDbType.VarChar,20)).Value ="NoteTaking";
                    try
                    {
                        command.ExecuteNonQuery();
                    }
                    catch (Exception ex)
                    {
                        throw new Exception(ex.Message);
                        return false;
```

```csharp
            }
        }
        string strres = String.Format("RESTORE DATABASE NoteTaking  FROM DISK ='{0}'", pathstr);
        using (SqlCommand cmd = new SqlCommand(strres, conn))
        {
            try
            {
                cmd.ExecuteNonQuery();
                conn.Close();
                return true;
            }
            catch (SqlException ee)
            {
                MessageBox.Show(ee.ToString());
                return false;
                throw (ee);
            }
        }
    }
}
private void btnOK_Click(object sender, EventArgs e)
{
    if (pathtxt.Text == "")
    {
        MessageBox.Show("请先选择恢复文件!");
    }
    else
    {
        if (RestoreDatabase(pathtxt.Text))
        {
            MessageBox.Show("数据恢复成功|");
        }
        else
        {
            MessageBox.Show("数据恢复失败|");
        }
    }
}
```

步骤 4 调试与运行程序。

知识拓展

8.2.3 进度条控件的使用

ProgressBar 控件用于显示操作进度,操作完成时进度条会被填满,进度条能直观地帮助用户了解等待一定时间的操作所需要的时间。

ProgressBar 控件的最大值是设置其属性 Maximum 完成，相反它的最小值是设置 Minimum 完成。在程序中，看到进度条在增长，其增长的值通过 Value 属性设置，Value 属性值必须介于最小值与最大值之间，控件的步长通过 Step 属性来设置，ProgressBar 控件常用的属性如表 8-11 所示。

表 8-11 ProgressBar 控件的常用属性

属性	说明
MarqueeAnimationSpeed	获取或设置进度块在进度栏内滚动所用的时间段，以毫秒为单位
Maximum	获取或设置控件范围的最大值
Minimum	获取或设置控件范围的最小值
Step	获取或设置调用 ProgressBar.PerformStep() 方法增加进度栏的当前位置时所根据的数量
Style	获取或设置在进度栏上指示进度应使用的方式
Blocks	通过在 ProgressBar 中增加分段块的数量来指示进度
Continuous	通过在 ProgressBar 中增加平滑连续的栏的大小来指示进度
Marquee	通过以字幕方式在 ProgressBar 中连续滚动一个块来指示进度
Value	获取或设置进度栏的当前位置

ProgressBar 控件常用的方法如表 8-12 所示。

表 8-12 ProgressBar 控件的常用方法

方法	说明
Increment	按指定的数量增加进度栏的当前位置
PerformStep	按照 Step 属性的数量增加进度栏的当前位置

在实际开发中，进度条一般和其他控件一起使用，其最小值和最大值根据实际需要来设置。

【例 8-2】ProgressBar 的使用。

【实例说明】该程序主要用来演示 ProgressBar 和 Timer 的各种属性、事件和方法的使用。程序运行后，控制数字的显示，从 100 逐渐减少到 0。

【实现过程】

（1）创建一个 C# Windows 的应用程序，项目名称为 Eg8-2。

（2）界面设计，添加 2 个按钮、1 个文本框、1 个进度条控件，1 个定时器控件，其中定时器控件设置为隐含控件。将文本框的 Text 属性设置为 100，将进度条控件的 Maximum 和 Minimum 属性分别设置为 100 和 0，将其 Step 属性设置为 10，将两个按钮的 Text 属性分别设置为"开始"和"退出"并设置合适的字体，界面设计如图 8-9 所示。

（3）功能实现，程序代码如下：

图 8-9 ProgressBar 的使用界面设计

```csharp
using System;
using System.Collections.Generic;
using System.ComponentModel;
using System.Data;
using System.Drawing;
using System.Linq;
using System.Text;
using System.Windows.Forms;
namespace Eg8_2
{
    public partial class FrmProBar : Form
    {
        public FrmProBar()
        {
            InitializeComponent();
        }
        private void btnStart_Click(object sender, EventArgs e)
        {
            timer1.Enabled = true;        //激活定时器
            btnStart.Enabled = false;     //设置"开始"按钮不可用
        }
        private void timer1_Tick(object sender, EventArgs e)
        {
            int i = 100;
            progressBar1.Value = progressBar1.Value + 1;
            i = 100 - progressBar1.Value;
            textBox1.Text = i.ToString();
            if (i == 0)
                timer1.Enabled = false;
        }
        private void btnExit_Click(object sender, EventArgs e)
        {
            Application.Exit();
        }
    }
}
```

运行结果如图 8-10 所示。

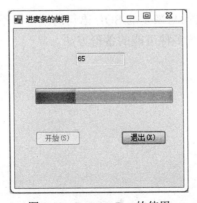

图 8-10　ProgressBar 的使用

项目拓展

1. 任务

作为承接随笔记系统的软件公司的程序员，负责开发该系统的系统管理子模块，请完成：自动备份数据库功能。

2. 描述

管理员进入系统管理模块，设置自动备份数据库的时间，系统自动进行时间的监测，到达指定时间后自动完成备份操作，并把数据库备份文件备份到指定的目标文件夹下，界面设计如图 8-11 所示。

图 8-11　定时备份数据库

项目小结

本项目讲述应用各种对话框控件的使用和随笔记系统数据的备份与恢复。主要包括 OpenFileDialog 控件、SaveFileDialog 控件、FontDialog 控件、ColorDialog 控件、PageSetupDialog 控件、PrintDialog 等对话框控件和 ProgressBar 控件的用法。通过本章的学习，读者应能编写数据库进行备份和恢复的程序。

习题

1. 数据库备份的 SQL 语句与恢复的 SQL 语句的编写（不是一个完整的语句）。
2. 上网查询资料讨论系统多种可能的备份方法。

项目 9

随笔记系统整合

系统主模块是用户使用最多的部分，主模块设计与实现的好坏关系到整个项目，包括操作的方便，主模块界面的美观等。

本项目通过两个任务系统主模块的设计与实现以及系统子窗体集成任务，让读者掌握 MenuStrip 控件、ToolStrip 控件、StatusStrip 控件、TreeView 控件的使用，掌握在主窗体的 panel 中添加新窗体的方法。

任务 9.1 系统主模块的设计与实现

学习目标

- 了解菜单栏、主菜单和子菜单的概念；
- 掌握 MenuStrip 控件的快捷方式操作、菜单分割条的设置；
- 掌握菜单栏 MenuStrip 的使用；
- 掌握 ToolStrip 控件的基本属性及方法；
- 掌握 StatusStrip 控件的基本属性及方法。

任务描述

系统主模块是用户进入系统后使用最多的操作界面，以简单、清楚、美观、响应快速等方式展现在用户面前。系统主模块主要包括用户管理各自模块的菜单栏、快捷操作子模块的工具栏，显示用户感兴趣的状态信息以及主界面的背景图片。系统主模块的效果如图 9-1 所示。

技术要点

9.1.1 MenuStrip 控件

MenuStrip 控件是窗体应用程序主要的用户界面要素，用来设计菜单栏；StatusStrip 控件显示系统的一些状态信息，用来设计状态栏；ToolStrip 控件及其关联类提供一个公共框架，用于将用户界面元素组合到工具栏、状态栏和菜单中。ToolStrip 控件提供丰富的设计时体验，包括就地激活和编辑、自定义布局和漂浮（即工具栏共享水平或垂直空间的能力）。

图 9-1　系统主模块效果图

菜单是软件界面设计的一个重要组成部分，它描述了软件的大致功能和风格，所以在程序设计中处理好、设计好菜单，对于软件开发是否成功有较重要的意义。菜单的本质就是提供将命令分组的一致方法，使用户易于访问，通过支持使用访问键启动键盘快捷方式，达到快速操纵软件系统的目的。

菜单可以分为菜单栏、主菜单和子菜单 3 个组成部分，如图 9-2 所示。

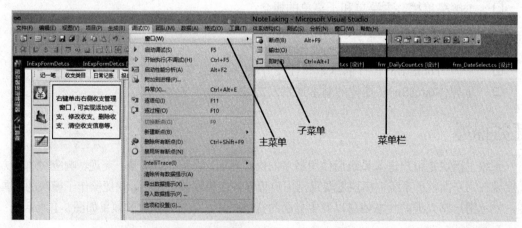

图 9-2　菜单栏、主菜单和子菜单图

【例 9-1】建立简单的菜单。
【实例说明】本示例创建"随笔记"项目的菜单，方便用户进行系统操作。
【实现过程】
（1）创建一个 C#的 Windows 应用程序，项目名称为 Eg9-1。

（2）从工具箱的"菜单和工具栏"中拖放一个 MenuStrip 控件到窗体上，如图 9-3 所示。

（3）直接单击 MenuStrip 控件填写主菜单及子菜单名称，但是需要注意命名菜单时避免直接录入汉字，否则不利于 C#编程，如图 9-4 所示。

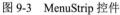

图 9-3　MenuStrip 控件　　　　　　　　　图 9-4　直接中文命名不利于编程

虽然直接录入中文菜单项不会出现代码错误，但建议采用单击 MenuStrip 控件，选择该控件的 Items 属性，在展开的"项集合编辑器"中直接设置的办法。打开 Items 属性后的项集合编辑器如图 9-5 所示。

图 9-5　打开 Items 属性后的项集合编辑器

在菜单栏的 Text 属性中输入"文件(&F)"后，菜单中会自动显示"文件(F)"。在此"&"被识别为确认快捷键的字符，例如"文件(F)"菜单就可以通过按 Alt+F 键打开。接下来在"文件(F)"菜单下创建"重设密码(S)"、"退出(X)"子菜单。

（4）每个菜单项中都有 ShortcutKeys 属性，该属性为用户自定义的快捷菜单组合键设置项，如图 9-6 所示。

图 9-6　设置菜单的快捷键

（5）当需要进行分割菜单项的时候，可以选择 Separator 选项进行功能性的分割，如

图 9-7 所示，插入分割条后的效果如图 9-8 所示。

图 9-7　为菜单设置分割条

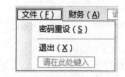
图 9-8　插入分割条后的效果

（6）最后形成的菜单效果如图 9-9 所示。

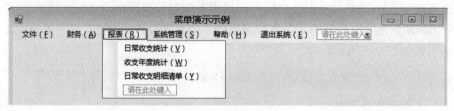
图 9-9　菜单效果图

9.1.2　ToolStrip 控件

在菜单栏中将常用的菜单命令以工具栏按钮的形式显示，并作为快速访问方式。工具栏位于菜单栏的下方，由许多命令按钮组成，每个命令按钮上都有一个形象的小图标，以标识命令按钮的功能。由于工具栏这种直观易用的特点，使其已成为 Windows 应用程序的标准界面。

使用 ToolStrip 及其关联的类，可以创建具有 Microsoft Office、Microsoft Internet Explorer 或自定义的外观和行为的工具栏及其他用户界面元素。ToolStrip 是一个用于创建工具栏、菜单结构和状态栏的容器控件。ToolStrip 直接用于工具栏，还可以用作 MenuStrip 和 StatusStrip 控件的基类。

ToolStrip 控件在用于工具栏时，使用一组基于抽象类 ToolStripItem 的控件。ToolStripItem 可以添加公共显示和布局功能，并管理控件使用的大多数事件。ToolStripItem 派生于 System.ComponentModel.Component 类，而不是 Control 类。基于 ToolStripItem 的类必须包含在基于 ToolStrip 的容器中，直接派生于 ToolStripItem 的控件如表 9-1 所示。

表 9-1　ToolStripItem 的类

ToolStripItems	说　　明
ToolStripButton	表示用户可以选择的按钮
ToolStripLabel	在 ToolStrip 上显示不能选择的文本或图像。ToolStripLabel 还可以显示一个或多个超链接

续表

ToolStripItems	说明
ToolStripSeparator	用于分解和组合其他 ToolStripItems。选项根据功能来组合
ToolStripDropDownItem	显示下拉选项；是 ToolStripDropDownButton、ToolStripMenuItem 和 ToolStripSplitButton 的基类
ToolStripControlHost	在 ToolStrip 上存放其他非 ToolStripItem 的派生控件；是 ToolStripComboBox、ToolStripProgressBar 和 ToolStripTextBox 的基类

ToolStripItem 的常用属性如表 9-2 所示。

表 9-2 ToolStripItem 的属性

属性名称	说明
DisplayStyle	获取或设置是否在 ToolStripItem 上显示文本和图像(None，Text，Image，ImageAndText)，默认值为 Image
Image	获取或设置显示在 ToolStripItem 上的图像
ImageIndex	获取或设置在该项上显示的图像的索引值
ImageAlign	获取或设置 ToolStripItem 上的图像对齐方式
Text	获取或设置要显示在项上的文本
TextDirection	获取或设置 ToolStripLabel 上的文本对齐方式
ToolTipText	获取或设置作为控件的 ToolTip 显示的文本

【例 9-2】设置文字效果。

【实例说明】本示例通过工具栏控件实现对窗体中文字显示效果的设置。

【实现过程】

（1）创建一个 C#的 Windows 应用程序，项目名称为 Eg9-2。

（2）在窗体上添加控件，设置各控件的属性如表 9-3 所示，界面如图 9-10 所示。

表 9-3 各控件的属性

对象名称	属性名称	属性值
Form	Name	Form1
	Text	设置文字效果
	Size	300, 300
	MaximizeBox	False
	MinimizeBox	False
ToolStrip	Name	toolsFont
	Text	
ToolStripButton	Name	toolsBold
	Font	粗体
	Text	B

续表

对象名称	属性名称	属性值
ToolStripButton	Name	toolsItalic
	Font	斜体
	Text	I
ToolStripButton	Name	toolsUnderLine
	Font	下划线
	Text	U
ToolStripButton	Name	toolsStrikeout
	Font	删除线
	Text	abc
Label	Name	lblFont
	Text	Hello
	Font	宋体, 21.75pt

图 9-10　界面设计图

（3）程序实现代码如下，根据 toolsBold 的选中状态来设置 lblFont 的字体是否加粗。

```
private void toolsBold_Click(object sender, EventArgs e)
{
    Font oldFont = lblFont.Font;
    if (toolsBold.Checked)
    {
        lblFont.Font = new Font("Times New Roman", 20, oldFont.Style | FontStyle.Bold);
    }
    else
    {
        lblFont.Font = new Font("Times New Roman", 20, oldFont.Style ^ (FontStyle.Bold));
    }
}
```

（4）根据 toolsItalic 的选中状态来设置 lblFont 的字体是否为斜体。

```csharp
private void toolsItalic_Click(object sender, EventArgs e)
{
    Font oldFont = lblFont.Font;
    if (toolsItalic.Checked)
    {
        lblFont.Font = new Font("Times New Roman", 20, oldFont.Style | FontStyle.Italic);
    }
    else
    {
        lblFont.Font = new Font("Times New Roman", 20, oldFont.Style ^ (FontStyle.Italic));
    }
}
```

（5）根据 toolsUnderLine 的选中状态来设置 lblFont 的字体是否加下划线。

```csharp
private void toolsUnderLine_Click(object sender, EventArgs e)
{
    Font oldFont = lblFont.Font;
    if (toolsUnderLine.Checked)
    {
        lblFont.Font = new Font("Times New Roman", 20, oldFont.Style | FontStyle.Underline);
    }
    else
    {
        lblFont.Font = new Font("Times New Roman", 20, oldFont.Style ^ (FontStyle.Underline));
    }
}
```

（6）根据 toolsStrikeout 的选中状态来设置 lblFont 的字体是否加删除线。

```csharp
private void toolsStrikeout_Click(object sender, EventArgs e)
{
    Font oldFont = lblFont.Font;
    if (toolsStrikeout.Checked)
    {
        lblFont.Font = new Font("Times New Roman", 20, oldFont.Style | FontStyle.Strikeout);
    }
    else
    {
        lblFont.Font = new Font("Times New Roman", 20, oldFont.Style ^ (FontStyle.Strikeout));
    }
}
```

（7）调试与运行程序，效果如图 9-11 所示。

图 9-11　程序运行效果

（1）FontStyle 为设置文本的字形，即文字显示效果的一个枚举，此枚举有 FlagsAttribute 特性，通过该特性可使其成员值按位组合。

（2）C#中的位运算符包括位逻辑非运算~、位逻辑与运算&、位逻辑或运算|、位逻辑异或运算^、位左移运算<<和位右移运算>>。

9.1.3　StatusStrip 控件

在设计程序界面时，为了规范界面，可以将一些控件放置在状态栏中，这样既能起到控制程序的作用，又能使界面和谐、美观。

StatusStrip 控件又称状态栏控件，位于窗体的最底部，用于显示窗体上一些对象的相关信息或者应用程序的信息。C#中使用 StatusStrip 控件设计状态栏。通常，StatusStrip 控件由 ToolStripStatusLabel 对象组成，每个这样的对象都可以显示文本、图像或同时显示二者。另外，StatusStrip 控件还可以包含 ToolStripDropDownButton、ToolStripSplitButton 和 ToolStripProgressBar 等控件。

【例 9-3】用 StatusStrip 控件统计文本字数信息。

【实例说明】本示例在 Form 窗体上拖动一个 GroupBox 控件，用于建立"文本信息显示区"容器；一个 RichTextBox 控件，用于编辑文本；一个按钮对象"统计字数"；一个 StatusStrip 控件，用于在底部显示统计信息，同时为 StatusStrip 控件增加一个 StatusLabel 标签，用于显示统计信息。具体设置如图 9-12 所示。

【实现过程】

（1）创建一个 C#的 Windows 应用程序，项目名称为 Eg9-3。

（2）界面设计，设计如图 9-12 所示的界面。

图 9-12　界面设计图

（3）程序实现代码如下：

```
private void Form1_Load(object sender, EventArgs e)
{
    toolslDisplay.Text = "现在的日期是：" + DateTime.Now.ToShortDateString() + "；现在的时间是：" + DateTime.Now.ToShortTimeString();
}
private void btnAccount_Click(object sender, EventArgs e)
{
    toolslDisplay.Text = "字数信息是：" + rtxtDisplay.Text.Length;
}
```

（4）调试与运行程序，效果如图 9-13 和图 9-14 所示。

【例 9-4】带进度条的状态栏。

【实例说明】上网浏览网页的读者都用过 IE 浏览器，读者是否注意到该浏览器的状态栏，在打开网页的过程中，浏览器下边的状态栏中有一个进度条显示当前网页的载入进度，这样的状态栏使界面显得更加丰富多彩，并且非常实用。本例设计一个带进度条的状态栏，在程序运行中进度条可以显示其进度。

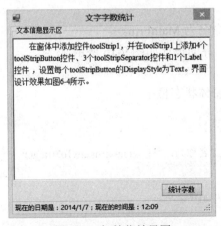
图 9-13　初始化效果图

图 9-14　文本字数统计图

【实现过程】

（1）创建一个 C#的 Windows 应用程序，项目名称为 Eg9-4。

（2）界面设计，将状态栏的按钮类型设置为 ProgressBar。通过设置 ProgressBar 的 Step 属性指定一个特定值用以逐次递增 Value 属性的值，然后调用 PerformStep 方法来使该值递增，就可以实现带进度条的状态栏。设置 ToolStripProgressBar1 的 Value 属性、Maximum 属性和 Step 属性。

（3）程序实现代码如下：

```csharp
private void Form1_Load(object sender, EventArgs e)
{
    while (toolStripProgressBar1.Value < toolStripProgressBar1.Maximum)
    {
        this.toolStripProgressBar1.PerformStep();
    }
}
```

（4）调试与运行程序，效果如图 9-15 所示。

图 9-15　程序运行效果

任务实现

步骤 1　在项目 NoteTaking 中添加窗体，命名为 MainFrm。
步骤 2　在窗体中添加控件并设置其属性，界面设计如图 9-16 所示。
步骤 3　程序实现如下：

主窗体加载时，将当前登录用户添加到主窗体状态栏中。

```csharp
private void Form1_Load(object sender, EventArgs e)
{
    toolStripStatusLabel1.Text = "当前登录用户名称为："+Login.username.ToString();
}
```

在主窗体状态栏中显示系统当前时间，代码如下：

```csharp
private void timer1_Tick(object sender, EventArgs e)
{
```

```
toolStripStatusLabel2.Text ="系统当前时间:" +DateTime.Now.ToLongTimeString();
}
```

图 9-16　界面设计效果图

执行主窗体菜单栏的"财务"→"收支类目"命令或者在工具栏的"收支类目"工具栏添加单击事件，代码如下：

```
private void   CToolStripMenuItem_Click(object sender, EventArgs e)
{
        InExpType inexptypeform = new InExpType();
        inexptypeform.Show();
}
```

单击工具栏中的"添加日常收支"按钮，显示添加日常收支窗体，以方便进行日常收支添加，代码如下：

```
private void button8_Click(object sender, EventArgs e)
{
    IncomeForm addIF = new IncomeForm();
    addIF.StartPosition = System.Windows.Forms.FormStartPosition.CenterScreen;
    addIF.ShowDialog();
}
```

步骤 4　程序运行效果如图 9-17 所示。

图 9-17　系统主界面运行效果

任务9.2 系统子窗体的集成

学习目标

- 掌握 TreeView 控件的属性及方法；
- 掌握在 TreeView 控件中添加、删除、选择节点的基本方法。
- 掌握在 Panel 控件 中添加窗体的方法。

任务描述

在各子窗体设计完成并实现后，如何在主窗体中合理显示，即系统子窗体集成，主要包括左侧子窗体导航、右侧子窗体显示，右侧窗体显示前判断是否有窗体对象，如果有窗体对象则显示该对象，系统主模块的效果如图 9-18 所示。

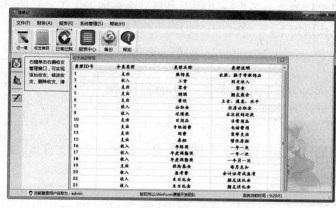

图 9-18　系统子窗体集成

技术要点

9.2.1　TreeView 控件

TreeView 控件又称树控件，显示节点层次结构，每个节点又可以包含子节点（包含子节点的节点称为父节点），其效果就像 Windows 操作系统的 Windows 资源管理器左窗口中显示的文件和文件夹一样。

TreeView 控件的主要属性如表 9-4 所示，主要方法如表 9-5 所示。

表 9-4　TreeView 控件的主要属性

属性名称	说明
Nodes	TreeView 中的根节点具体内容集合
ShowLines	是否显示父子节点之间的连接线，默认为 True
StateImageList	树型用以表示自定义状态的 ImageList 控件
Scrollable	是否出现滚动条

表 9-5　TreeView 控件的主要方法

方法名称	说　明
AfterCheck	选中或取消属性节点时发生
AfterCollapse	折叠节点后发生
AfterExpand	展开节点后发生
AfterSelect	更改选定内容后发生
BeforeCheck	选中或取消树节点复选框时发生
BeforeCollapse	折叠节点前发生
BeforeExpand	展开节点前发生
BeforeSelect	更改选定内容前发生

1. 添加节点

向 TreeView 控件中添加节点时，需要用到其 Nodes 属性的 Add()方法。其语法格式如下：

```
public virtual int Add(TreeNode node)
```

node：要添加到集合中的 TreeNode。

返回值：添加到树节点集合中的 TreeNode 从 0 开始的索引值。

【例 9-5】向 TreeView 控件添加节点。

【实例说明】该实例是使用 TreeView 控件的 Nodes 属性的 Add()方法，向树控件中添加两个父节点，然后再使用 Add()方法分别向两个父节点添加多个子节点。

【实现过程】

（1）创建一个 Windows 应用程序，项目名称为 Eg9-5。

（2）在窗体中添加 TreeView 控件。

（3）在窗体的加载事件中添加如下代码：

```
private void Form4_Load(object sender, EventArgs e)
{
    //为树控件建立两个父节点
    TreeNode tn1 = this.treeView1.Nodes.Add("系统管理");
    TreeNode tn2 = this.treeView1.Nodes.Add("文件");
    //建立2个子节点，用于显示系统管理
    TreeNode ctn1 = new TreeNode("数据备份");
    TreeNode ctn2 = new TreeNode("数据恢复");
    //将以上2个子节点添加到第1个父节点中
    tn1.Nodes.Add(ctn1);
    tn1.Nodes.Add(ctn2);
    //建立2个子节点，用于显示文件菜单中的相关信息
    TreeNode stn1 = new TreeNode("修改密码");
    TreeNode stn2 = new TreeNode("退出");
    //将以上3个子节点添加到第2个父节点中
    tn2.Nodes.Add(stn1);
    tn2.Nodes.Add(stn2);
}
```

（4）程序运行结果如图 9-19 所示。

图 9-19　TreeView 控件使用效果图

2. 移除节点

从 TreeView 控件中移除节点时，需要使用其 Nodes 属性的 Remove()方法。其语法格式如下：

```
public void Remove(TreeNode node)
```

node：要移除的 TreeNode。

【例 9-6】通过 TreeView 控件删除节点。

【实例说明】本实例通过 TreeView 控件的 Nodes 属性的 Remove()方法，删除选中的子节点。

【实现过程】

（1）创建一个 C#的 Windows 应用程序，项目名称为 Eg9-6。

（2）将例 9-5 中的窗体添加到项目 Eg9-6 中，并添加"删除选择项"按钮。

（3）为"删除选择项"按钮添加单击事件，代码如下：

```csharp
private void button1_Click(object sender, EventArgs e)
{
    if (treeView1.SelectedNode.Text == "系统管理")
    {
        MessageBox.Show("请选择要删除的子节点");
    }
    else
    {
        treeView1.Nodes.Remove(treeView1.SelectedNode);
    }
}
```

（4）调试与运行程序，效果如图 9-20 所示。

图 9-20 删除子节点

3. 获取树控件中选中的节点

要获取 TreeView 控件中选中的节点，可以在该控件的 AfterSelect 事件中使用 EventArgs 对象返回对已选中节点对象的引用，其中通过检查 TreeViewEventArgs 类（它包含与事件有关的数据）确定单击了哪个节点。

【例 9-7】获取 TreeView 控件中节点的值。

【实例说明】本案例演示在 TreeView 控件的 AfterSelect 事件中获取该控件中选中节点的文本。

【实现过程】

（1）创建一个 C#的 Windows 应用程序，项目名称为 Eg9-7。

（2）将例 9-5 中的窗体添加到项目 Eg9-7 中，再添加 lable 控件。

（3）添加 AfterSelect 事件，并向事件中添加如下代码：

```
private void treeView1_AfterSelect(object sender, TreeViewEventArgs e)
{
    label1.Text = "当前选中的节点："+ e.Node.Text;
}
```

（4）调试与运行程序，效果如图 9-21 所示。

图 9-21 获取选中的节点

4. 为树控件中的节点设置图标

TreeView 控件可在每个节点紧挨节点文本的左侧显示图标，但显示时必须使树视图与 ImageList 控件相关联。为 TreeView 控件中的节点设置图标的步骤如下：

（1）将 TreeView 控件的 ImageList 属性设置为想要使用的现有 ImageList 控件，该属性既可在设计器中使用"属性"窗口进行设置，也可在代码中设置。

（2）设置 treeView1 控件的 ImageList 属性为 imageList1，代码如下：

```
treeView1.ImageList=imageList1;
```

（3）设置树节点的 ImageIndex 和 SelectedImageIndex 属性，其中 ImageIndex 属性用来确定正常和展开状态下的节点显示图像，而 SelectedImageIndex 属性用来确定选定状态下的节点显示图像。

（4）设置 treeView1 控件的 ImageIndex 属性，确定正常或展开状态下的节点显示图像的索引为 0；设置 SelectedImageIndex 属性，确定选定状态下的节点显示图像的索引为 1。代码如下：

```
treeView1.ImageIndex=0;
treeView1.SelectedImageIndex=1;
```

【例 9-8】为 TreeView 控件添加图标。

【实例说明】本实例是向 TreeView 控件中添加 1 个父节点和 5 个子节点；设置 TreeView 控件的 ImageList 属性为 imageList1，并通过设置该控件的 ImageIndex 属性，实现正常状态下节点显示图像的索引为 0；然后设置该控件的 SelectedImageIndex 属性，实现选中某个节点后显示的图像的索引为 1。

【实现过程】

（1）创建一个 C#的 Windows 应用程序项目 Eg9-8。
（2）在窗体中添加 TreeView 控件与 ImageList 控件。
（3）向窗体的加载事件中添加如下代码：

```csharp
private void Form7_Load(object sender, EventArgs e)
{
    TreeNode tn1 = this.treeView1.Nodes.Add("系统管理");
    TreeNode ctn1 = new TreeNode("数据备份");
    TreeNode ctn2 = new TreeNode("数据恢复");
    tn1.Nodes.Add(ctn1);
    tn1.Nodes.Add(ctn2);
    //设置 imageList1 控件中显示的图像
    imageList1.Images.Add(Image.FromFile("dbk.jpg"));
    imageList1.Images.Add(Image.FromFile("drs.ico"));
    //设置 treeView1 的 ImageList 属性为 imageList1;
    treeView1.ImageList = imageList1;
    imageList1.ImageSize = new Size(16, 16);
    //设置 treeView 控件节点的图标在 imageList1 控件中的索引是 0
    treeView1.ImageIndex = 0;
    //选择某个节点后显示的图标在 imageList1 控件中的索引是 1
```

```
        treeView1.SelectedImageIndex = 1;
    }
```

（4）程序运行结果如图 9-22 和图 9-23 所示。

图 9-22　运行程序

图 9-23　选中节点

9.2.2　在 Panel 控件中添加新的窗体

在系统主界面设计时，为了使主窗体界面布局更加美观，在进行界面设计时主窗体右边放置一个 Panel 控件，然后根据单击的菜单项、工具栏等按钮将子窗体显示在 Panel 控件上。在菜单栏、工具栏的单击事件中加入如下代码：

```
private void RToolStripMenuItem_Click(object sender, EventArgs e)
{
    InExpFormDet inexpform = new InExpFormDet();
    //将子窗体设置为非顶级控件
    inexpform.TopLevel = false;
    inexpform.Show();
    //将 panel 控件设置为子窗体的父对象
    inexpform.Parent = this.panel2;
}
```

在主窗体中打开子窗体时，应先进行判断。如果当前子窗体已经存在，直接将窗体激活（即使窗体位于桌面最前端）；如果主窗体中不存在该子窗体，则应创建窗体并显示当前窗体。代码如下：

```
private InExpFormDet inexpform = null;
private void RToolStripMenuItem_Click(object sender, EventArgs e)
{
    if(inexpform == null || inexpform.IsDisposed)
    {
        inexpform = new InExpFormDet();
        inexpform.TopLevel = false;
        inexpform.Show();
        inexpform.Parent = this.panel2;
    }
    inexpform.BringToFront();
}
```

为了界面美观，应将窗体的大小设置与 Panel 控件的宽度与高度一致，运行效果如图 9-24 所示。

图 9-24　Panel 控件中添加子窗体效果图

任务实现

步骤 1　在项目 NoteTaking 中添加窗体，命名为 InExpFormDet。

步骤 2　在窗体中添加控件并设置其属性，界面设计如图 9-25 所示。

图 9-25　界面设计效果图

步骤 3　程序实现如下：

```
private void Form1_Load(object sender, EventArgs e)
{
```

```
this.tabControl1.SelectedIndex = 0;
TreeNode tn = this.treeView1.Nodes.Add("报表统计");
treeView1.ImageList = imageList2;
TreeNode ctn1 = new TreeNode("日常收支统计", 0, 2);
TreeNode ctn2 = new TreeNode("收支年度统计", 1, 2);
TreeNode ctn3 = new TreeNode("日常收支明细清单", 2, 2);
tn.Nodes.Add(ctn1);
tn.Nodes.Add(ctn2);
tn.Nodes.Add(ctn3);
toolStripStatusLabel1.Text = "当前登录用户名称为："+Login.username.ToString();
}
```

单击主窗体菜单栏的"财务"→"收支类目"菜单栏或者是工具栏的"收支类目"添加单击事件，将子窗体显示在主窗体右边的 Panel 控件中，代码如下：

```
private   InExpType inexptypeform=null;
private void    CToolStripMenuItem_Click(object sender, EventArgs e)
{
        this.tabControl1.SelectedIndex = 0;
        if (inexptypeform == null || inexptypeform.IsDisposed)
        {
            inexptypeform = new InExpType();
            inexptypeform.TopLevel = false;
            inexptypeform.Show();
            inexptypeform.Parent = this.panel2;
        }
        inexptypeform.BringToFront();
}
```

单击主菜单左边 TabControl 控件中的"添加日常收支"按钮，显示出添加日常收支窗体，以方便进行日常收支添加，代码如下：

```
public static bool flag = false;//标识 IncomeForm 窗体是添加窗体还是修改日常收支信息
private void button8_Click(object sender, EventArgs e)
{
    IncomeForm addIF = new IncomeForm();
    flag = false;
    addIF.StartPosition = System.Windows.Forms.FormStartPosition.CenterScreen;
    addIF.callMessage += new EventHandler(new InExpFormDet().databind);
    addIF.ShowDialog();
}
```

步骤 4　程序运行效果如图 9-26 所示。

图 9-26　系统主界面运行效果图

知识拓展

9.2.3　WebBrowser 控件

WebBrowser 控件可以在 Windows 窗体客户端应用程序中显示网页。使用 WebBrowser 控件，可以复制应用程序中的 Internet Explorer Web 浏览功能，还可以禁用默认的 Internet Explorer 功能，并将该控件用作简单的 HTML 文档查看器。此外，可以使用该控件将基于 DHTML 的用户界面元素添加到窗体中，还可以隐瞒这些元素在 WebBrowser 控件中承载的事实。通过这种方法，可以将 Web 控件和 Windows 窗体控件无缝地整合到一个应用程序中。

下面讲解 WebBrowser 控件的常用属性、方法和事件。

WebBrowser 控件包含多种可以用来实现 Internet Explorer 中的控件的属性、方法和事件。例如，可以使用 Navigate 方法实现地址栏，使用 GoBack、GoForward、Stop 和 Refresh 方法实现工具栏中的导航按钮。可以处理 Navigated 事件，以便使用 URL 属性的值更新地址栏，使用 DocumentTitle 属性的值更新标题栏。

如果要在应用程序中生成自己的页面内容，可以设置 DocumentText 属性。如果熟悉 HTML 文档对象模型（DOM），还可以通过 Document 属性操作当前网页的内容。通过此属性，可以将文档存储在内存中来修改文档而不用在文件间进行导航。

此外，使用 Document 属性可以从客户端应用程序代码调用网页脚本代码中实现的方法。若要从脚本代码访问客户端应用程序代码，请设置 ObjectForScripting 属性。脚本代码可以将指定的对象作为 window.external 对象访问。控件的常用属性、方法和事件如表 9-6 所示。

表 9-6 WebBrowser 控件的属性、方法和事件表

名 称	说 明
Document 属性	获取一个对象,用于提供对当前网页的 HTML 文档对象模型(DOM)的托管访问
DocumentCompleted 事件	网页完成加载时发生
DocumentText 属性	获取或设置当前网页的 HTML 内容
DocumentTitle 属性	获取当前网页的标题
GoBack 方法	定位到历史记录中的上一页
GoForward 方法	定位到历史记录中的下一页
Navigate 方法	定位到指定的 URL
Navigating 事件	导航开始之前发生,使操作可以被取消
ObjectForScripting 属性	获取或设置网页脚本代码可以用来与应用程序进行通信的对象
Print 方法	打印当前的网页
Refresh 方法	重新加载当前的网页
Stop 方法	暂停当前的导航,停止动态页元素,如声音和动画
Url 属性	获取或设置当前网页的 URL。设置该属性时,会将该控件定位到新的 URL

项目拓展

1. 任务

作为承接随笔记系统的软件公司的程序员,负责开发该系统的帮助模块开发,请创建一个简易的 IE 浏览器为多页面的 Web 浏览器,即浏览器制作。

2. 描述

当用户进入随笔记系统后,在帮助菜单中打开网页浏览器可以实现网页的浏览、保存、查看属性和源文件等操作,界面设计如图 9-27 所示,程序运行效果如图 9-28 所示。

图 9-27 浏览器界面设计

图 9-28 浏览器运行效果

项目小结

本项目讲述了系统主模块的设计与实现，以及系统子窗集成，主要包括 MenuStrip 控件、ToolStrip 控件、StatusStrip 控件、TreeView 控件的使用，以及在主窗体的 Panel 中添加新窗体的方法。通过本章学习，读者应该能编写系统的主模块以及子窗体的集成。

习题

1. 实现在主窗体状态栏中显示鼠标的横坐标与纵坐标。
2. 通过 Timer 控件编写程序实现控制一张图片自上而下地循环运动。
3. 上网查询资料，说明用户自定义控件在项目开发中的实际意义，将用户登录封装成自定义控件。

项目 10

随笔记系统的打包部署

本章主要讲述如何利用 Viaual Studio 2010 集成开发环境中的打包部署工具对 Windows 应用程序进行打包部署。包括创建 Windows 安装项目、制作 Windows 安装程序、部署 Windows 应用程序等。通过本章的学习，读者应能为开发完成的软件制作安装程序，正确、快速地发布软件。

任务 10.1 随笔记系统安装程序的制作

学习目标

- 掌握创建 Windows 安装项目的方法；
- 掌握制作基本的 Windows 安装程序；
- 掌握为 Windows 安装程序创建快捷方式；
- 掌握为 Windows 安装程序添加注册表项；
- 掌握部署 Windows 应用程序。

任务描述

随笔记项目开发完成后，还要面对应用程序的打包问题，即如何将应用程序打包并制作成安装程序在客户机上进行安装部署，如图 10-1 所示。

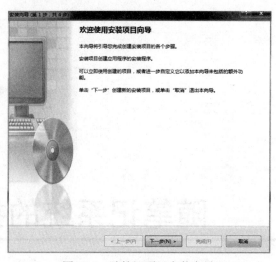

图 10-1 随笔记项目安装向导

【技术要点】

10.1.1 创建 Windows 安装项目

要对一个 Windows 应用程序进行打包部署，首先需要创建 Windows 安装项目，步骤如下：

（1）在 Visual Studio 2008 集成开发环境中依次执行"文件"→"新建"→"项目"命令，打开"新建项目"对话框，依次执行"其他项目"→"安装与部署"→ Visual Studio-Installer→"安装向导"（或安装项目）命令，如图 10-2 所示。

图 10-2 新建"安装和部署"项目

（2）单击"确定"按扭，打开"欢迎使用安装项目向导"对话框，如图 10-3 所示。

（3）单击"下一步"按扭，进入"选择一种项目类型"对话框，选中"为 Windows 应用程序创建一个安装程序"单选按钮，如图 10-4 所示。

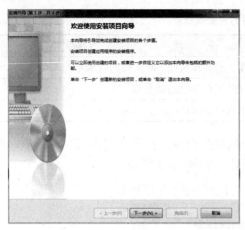
图 10-3 "欢迎使用安装项目向导"对话框

图 10-4 选择一种项目类型

（4）单击"下一步"按扭，进入"选择要包括的文件"对话框，选择该程序相关的 readme.doc 文档，如图 10-5 所示。

（5）单击"下一步"按扭，进入"创建项目"对话框，如图 10-6 所示。

图 10-5 选择要包括的文件

图 10-6 创建项目

（6）单击"完成"按扭，安装向导完成。创建安装项目 NoteTakingSetup，根据需要进行相关设置。

10.1.2 制作 Windows 安装程序

创建完 Windows 安装项目之后，接下来讲解如何制作 Windows 安装程序。一个完整的 Windows 安装程序通常包括文件系统、注册表、文件类型、用户界面、自定义操作和启动条件 6 种视图，其中最常用的视图有文件系统、注册表、用户界面、启动条件。下面从指定安装属性、文件系统、注册表、用户界面和启动条件开始讲解如何在创建 Windows 安装程序时设置这些内容。

1. 指定安装属性

在"解决方案资源管理器"中选定安装项目时，可以进行设置的主要属性如表 10-1 所示。

表 10-1 安装项目的主要属性

属 性	说 明
Version	指定安装程序、合并模块或.cab 文件的版本号
Manufacturer	指定应用程序或组件的制造商名称
ProductName	指定描述应用程序或组件的公共名称

右击项目名称，在弹出的快捷菜单中选择"属性"命令，打开"属性页"对话框，在其中可以对安装项目进行的输出文件名等进行配置，如图 10-7 所示。

图 10-7 安装项目属性页

单击"系统必备"按扭，打开"系统必备"对话框，如图 10-8 所示。选中"Microsoft .NET FrameWork 4 Client Profile (X86 和 X64)"复选框和"从与我的应用程序相同的位置下载系统必备组件"单选按扭，这样就可以保证在生成的安装文件中包含.NET FrameWork 组件。

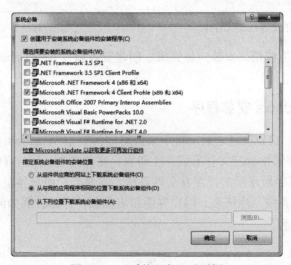

图 10-8 "系统必备"对话框

2. 文件系统视图

文件系统视图包括 3 个文件夹，可以用来对应用程序文件和快捷方式进行配置。

应用程序文件夹：用来保存应用程序相关文件和文件夹。

双击"应用程序文件夹"，在右边的空白处右击，在弹出的快捷菜单（如图 10-9 所示）中执行"添加"→"文件夹"命令新建文件夹，项目安装完毕后的文件夹结构将和该目录下结构一致；选择"文件"将待打包的应用程序的可执行文件、类库和组件等添加到应用程序文件夹目录下。错误添加的项目，可以右击，在弹出的快捷菜单中选择"删除"命令，删除相关操作，如图 10-10 所示。

图 10-9 应用程序文件夹"添加"菜单

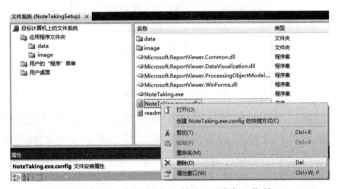

图 10-10 应用程序文件夹"删除"菜单

这里以随笔记项目为例，执行文件 BookM.exe 和数据库文件、图片文件添加到应用程序文件夹，如图 10-11 所示。

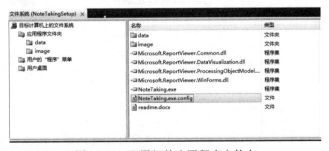

图 10-11 配置好的应用程序文件夹

应用程序文件夹中的文件和文件配置完成后，右击左侧的"应用程序文件夹"，在弹出的快捷菜单中选择"属性窗口"命令，打开"属性"对话框，可以通过 DefaultLocation 属性指定在目标计算机上安装文件夹的默认位置。安装程序默认安装目录设置为[Program-FilesFolder][Manufacturer]\[ProductName](即"C:\Program Files\制造商名称\安装解决方案名称")。为简单起见，一般情况下将 DefaultLocation 属性中的"[Manufacturer]"，即制造商名称去掉，如图 10-12 所示。

图 10-12　设置安装项目的 DefaultLocation 属性

用户的"程序"菜单和用户桌面：用于在开始菜单和桌面创建文件快捷方式。

根据应用程序安装后的需要，在应用程序文件夹中将需要生成快捷方式的文件添加快捷方式并改名后拖放到用户的"程序"菜单和用户桌面。具体实现过程如下：

右击应用程序的可执行文件，创建快捷方式。然后把创建好的快捷方式分别剪切或复制到左边的"用户的'程序'菜单"和"用户桌面"中，并根据需要进行改名或设置属性，如图 10-13 所示。

这样安装程序安装完成后，会在"开始"菜单和"桌面"上生成应用程序的快捷方式。

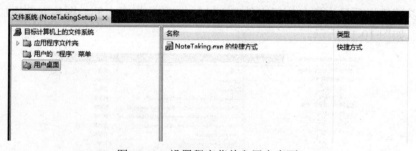

图 10-13　设置程序菜单和用户桌面

为应用程序添加卸载功能。为了让安装程序具有卸载功能，在添加应用程序项目的时候，将 C:\Windows\System32 下的 msiexec.exe 添加到"应用程序文件夹"。为了让它更像个卸载程序，把名字改成 uninstall.exe。然后为该文件在程序菜单添加一个快捷方式，并拖放在"用户的'程序'菜单"中，指定该快捷方式的 Icon 等属性。由于 msiexec.exe 是一个通用的卸载程序，所以启动程序时需要把程序的产品号作为参数。为卸载程序快捷方式指定参数的具体步骤如下：

单击安装项目名称，在安装项目的属性页上找到 ProductCode，复制该属性值的内容。然后打开创建的卸载程序的快捷方式属性页，在 Arguments 属性中输入"/x {ProductCode}"(可以通过粘贴的方式完成)，完成后的情况如图 10-14 所示。

图 10-14　设置卸载程序快捷方式的参数

3. 添加注册表项

为 Windows 安装程序添加注册表项的步骤如下：

（1）在解决方案资源管理器中选中安装项目，右击，在弹出的快捷菜单中执行"视图"→"注册表"命令，如图 10-15 所示。

图 10-15　添加注册表项

（2）在 Windows 安装项目的左侧显示"注册表"选项卡，在该选项卡中依次展开

HKEY_CURRENT_USER/Software 节点，然后对注册表项[Manufacturer]重命名，如图 10-16 所示。

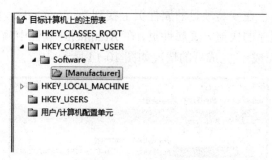

图 10-16 注册表选项卡

注意：[Manufacturer]注册表项用方括号括起来，表示它是一个属性，它将被替换为输入的部署项目的 Manufacturer 属性值。

（3）选中注册表项，右击，在弹出的快捷菜单中执行"新建"→"字符串值"命令即可为添加的注册表项初始化一个值，如图 10-17 所示。

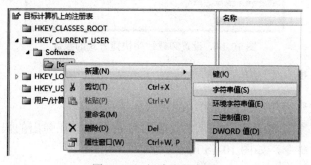

图 10-17 新建注册表项

（4）选中添加的注册表项值，右击，在弹出的快捷菜单中选择"属性窗口"命令，打开"属性"面板，从中可以对注册表项的值进行修改，如图 10-18 所示。

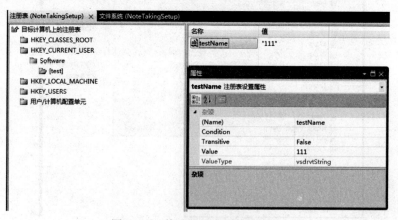

图 10-18 修改注册表项的属性值

按照以上步骤，完成为 Windows 安装程序添加一个注册表项。

4. 用户界面视图

通过用户界面视图可以配置安装的启动、进度和结束等对话框的外观。右击安装项目，在弹出的快捷菜单中依次执行"视图"→"用户界面"命令，进入用户界面视图。

如果要为安装程序添加新的对话框，可以在用户界面视图中的"启动"、"进度"或"结束"节点上右击，在弹出的快捷菜单中执行"添加对话框"命令，打开"添加对话框"对话框，可以根据需要添加指定类型的对话框，如图 10-19 所示。

这里选择添加"许可协议"对话框。为了能够显示应用程序的许可协议，需要设置"许可协议"对话框的 LicenseFile 属性，如图 10-20 所示。

其他对话框的操作与"许可协议"对话框基本相同。

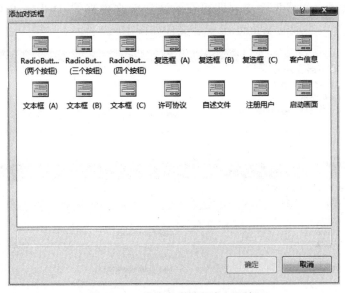

图 10-19 为安装程序添加对话框

图 10-20 设置对话框的 LicenseFile 属性

5. 启动条件视图

通过启动条件视图可以设置安装程序启动的基本条件。右击安装项目，在弹出的快捷菜单中依次执行"视图"→"启动条件"命令，进入启动条件视图。右击"启动条件"，在弹出的快捷菜单中执行"添加启动条件"命令可以为应用程序添加新的启动条件。对于已经添加的启动条件，可以指定其属性。例如，如果要为安装程序设置所需要的.NET Framework 最低版本，可以通过如图 10-21 所示的方式来完成。

6. 生成 Windows 安装程序

配置完安装项目后，在解决方案资源管理器中选中 Windows 安装项目，右击，在弹出的快捷菜单中选择"生成"命令，即可在解决方案文件夹的 Debug 文件夹下生成一个 Windows 安装程序。生成的 Windows 安装文件如图 10-22 所示。

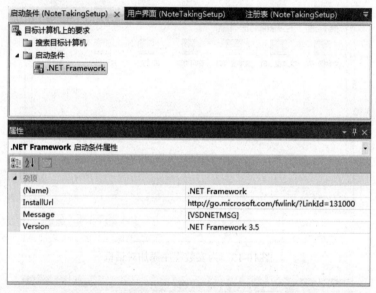

图 10-21 设置所需的.NET Framework 的最低版本

图 10-22 生成后的安装项目

任务实现

使用 Visual Studio 自带的打包工具，为随笔记项目制作 winform 安装项目，具体步骤如下：

步骤 1 打开开发环境 Visual Studio 2010，新建项目，选择其他项目类型，再选择"安装向导"，输入名称及选择安装路径。

步骤 2 进入文件系统选项卡，选择应用程序文件夹，在中间的空白区域右击，在弹出的快捷菜单中选择"添加文件"命令，添加项目文件（随笔记项目可执行文件（.exe）、动态链接库文件（.dll）、第三方组件）。

步骤 3 添加项目所需文件。这里有 3 个文件夹（DataBase、Images 和 Report）需要注意，因为 DataBase 是存储项目数据库，Images 是存放项目图片文件，而 Report 则是存储项目所需的报表文件.rpt，因此在应用程序夹中也需要创建同名的文件夹并且添加所需的文件。

步骤 4 为了在开始程序菜单中和桌面应用程序中看到安装程序，这里需要为项目创建快捷方式。右击选择可执行文件 NoteTaking.exe，创建快捷方式，进行重命名"随笔记项目"，将该快捷方式拖放到"用户的'程序'菜单"中。重复该步骤将新建的快捷方式添加到"用户桌面"文件夹中。

步骤 5 设置系统必备，右击选择安装项目，进入属性页中，单击"系统必备"按钮，进入"系统必备"对话框。选择"创建用于安装系统必备组件的安装程序"，在安装系统必备组件列表中，选择如下内容：

- ❑ Windows Installer 3.1（必选）。
- ❑ .NET Framework 4.0（可选）。
- ❑ Crystal Report Basic for Visual Studio 2008（x86,x64）（可选）项目中用到了水晶报表，就需要选取此项。
- ❑ 选取"从与我的应用程序相同的位置下载系统必备组件（D）"。
- ❑ 在用户菜单中建立一个文件夹，存放安装程序。

步骤 6 卸载程序，因为安装包做好之后不能只有安装程序，还要有卸载程序

- ❑ 在"C:\WINDOWS\system32"路径下，找到 msiexec.exe 添加到应用程序文件夹中，创建快捷方式，并命名为Uninstall。
- ❑ 选择安装项目的 ProductCode，右击选择卸载程序的快捷方式，在打开的快捷菜单中选择"属性"命令进行属性设置，在 Arguments选项中输入/x 及 ProductCode，例如，/x {6931BD71-5C5E-4DA1-A861-14C7D1A78B97}。
- ❑ 将卸载程序同时存放到用户的开始菜单的文件夹中。

步骤 7 更改安装程序属性，右击选择安装项目属性，可以设置项目作者及名称，其他属性信息可以根据实际情况进行设置。

步骤 8 生成安装项目。

任务 10.2 随笔记系统的部署

任务描述

Windows 安装程序制作完后，如何将 Windows 应用程序部署到客户机上呢？本任务紧

接前面创建的 Windows 安装程序，对如何部署 Windows 应用程序进行详细介绍。

技术要点

10.2.1 安装随笔记系统

（1）双击生成的 Setup.exe 文件或者 Setup1.msi 文件，弹出 NoteTakingSetup 对话框，如图 10-23 所示。

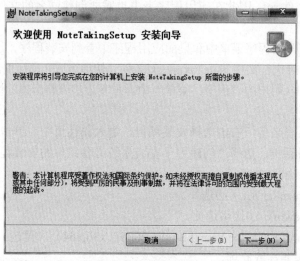

图 10-23　安装向导

（2）单击"下一步"按钮，进入"选择安装文件夹"对话框，单击"浏览"按钮选择安装路径，如图 10-24 所示。

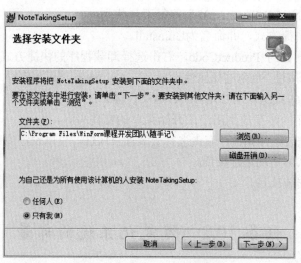

图 10-24　选择安装路径对话框

（3）设置完安装路径之后，单击"下一步"按钮，进入"确认安装"对话框，如图 10-25 所示。

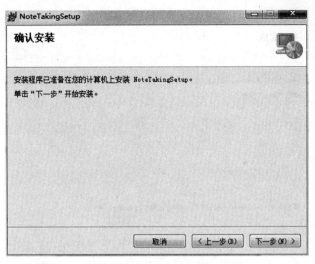

图 10-25　确认安装

（4）单击"下一步"按钮，进入"正在安装 NoteTakingSetup"对话框，在其中显示了安装进度，如图 10-26 所示。

图 10-26　安装进度

（5）安装完成后进入"安装完成"对话框，如图 10-27 所示，单击"关闭"按钮，完成 Windows 应用程序的安装。

（6）Windows 应用程序安装完成后，将自动在桌面上创建一个快捷方式，双击该快捷方式即可运行程序。

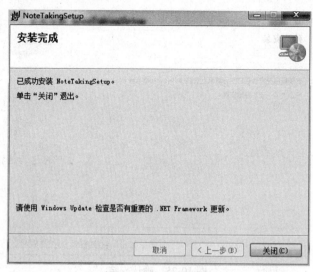

图 10-27　完成安装

任务实现

步骤 1　安装及运行，直接运行 setup.msi 或是 setup.exe 进行安装。

步骤 2　按照提示步骤执行安装，选择相应的路径，完成安装。

提示

各操作步骤的图片与必备知识中所使用的图片基本相似，在此不再重复。

10.2.2　随笔记系统测试

测试随笔记系统，运行项目时，直接在桌面和开始菜单中也会有相应的执行程序，打开执行程序会出现如图 10-28 和图 10-29 所示的系统界面。

图 10-28　系统登录界面

图 10-29　系统主界面

在开始菜单中也可以通过卸载程序完成对随笔记系统的卸载,效果如图 10-30 和图 10-31 所示。

图 10-30　是否卸载提示界面　　　　　　10-31　卸载进度

项目拓展

10.2.3　打包数据库应用程序

通过前面的介绍可知,一般的应用程序制作非常容易,基本上就是把应用程序拖入该安装程序的过程。如果应用程序的运行需要数据库的支持(如 SQL Server),则问题会变得比较复杂一些。

主要有如下 3 个解决方案:

- 将备份文件打包到安装程序中:在第一次运行程序的时候,进行数据库恢复(或专门做一个系统配置的程序,来控制完成此工作),命令为:restore database 数据库 from disk='c:\备份.bak'。
- 将数据文件(.mdf)和日志文件(.ldf)打包到安装程序中:在第一次运行程序的时候,进行数据库附加(或专门做一个系统配置的程序,来控制完成此工作),命令为:sp_attach_db '数据库名','数据文件名(.mdf)','日志文件名(.ldf)'。
- 将脚本文件打包到安装程序中:在第一次运行程序的时候执行脚本(或专门做一

个系统配置的程序来控制完成此工作），通过调用isql.exe文件完成。命令为：exec master..xp_cmdshell 'isql /E /i".sql文件"'，也可以直接在程序中调用isql.exe文件或直接将isql.exe文件集成到程序安装包中。

这里主要介绍附加的方法将数据库打包到应用程序中。

【例 10-1】C# WinForm 打包数据库应用程序。

【实例说明】本实例按一般应用程序制作安装程序的步骤完成安装项目的建立与配置，创建安装类。

【实现过程】

（1）新建空白解决方案 DB Install。

（2）在 DB Install 解决方案中，新建一个类库项目 InstallDB。

（3）删除项目中默认类 Class1.cs，新建一个安装程序类 InstallDB.cs，在这个类中编写附加数据库代码，如图 10-32 所示。

图 10-32　添加安装程序类

（4）打开安装程序类 InstallDB.cs，进入设计界面，单击"单击此处切换到代码视图"链接，进入代码编辑窗口，在 InstallDB 类中重写 Install 方法。代码如下：

```
using System.Data.SqlClient;
using System.Windows.Forms;
public override void Install(IDictionary stateSaver)
{
    SqlConnectionmycon = new SqlConnection("data
        source=.;database=master;UID=sa;PWD=123");
    string path = this.Context.Parameters["targetdir"];//安装目录
    string DataName = "NoteTaking";              //数据库名
    string strMdf = path + @" NoteTaking.mdf";//MDF 文件路径，这里需注意文件名要与刚添加的数据库文件名一样
```

```csharp
            string strLdf = path + @" NoteTaking _log.ldf";//LDF 文件路径
            string str = null;
            try
            {
                str = " EXEC sp_attach_db @dbname='" + DataName + "',@filename1='" + strMdf
                    + "',@filename2='" + strLdf + "'";
                SqlCommand myCommand = new SqlCommand(str, mycon);
                mycon.Open();
                myCommand.ExecuteNonQuery();
                MessageBox.Show("数据库安装成功！单击确定继续");//需 Using
                    System.Windows.Forms
            }
            catch (Exception e)
            {
                MessageBox.Show("数据库安装失败！" + e.Message + "\n\n" + "您可以手动附加数据");
                System.Diagnostics.Process.Start(path);//打开安装目录
            }
            finally
            {
                mycon.Close();
            }
            base.Install(stateSaver);
        }
```

（5）在 DB Install 解决方案中，新建一个安装项目 DB Install Proj。

（6）添加自定义操作

❏ 在建立的安装项目上右击，在弹出的快捷菜单中执行"视图"→"自定义操作"命令。

❏ 右击"自定义操作界面"的"安装"节点，在弹出的快捷菜单中选择"添加自定义操作"，弹出对话框。

❏ 在查找范围里选择应用程序文件夹，再单击右侧的"添加输出(O)"选项，在弹出的快捷菜单中选择建立的安装程序类项目，默认还是主输出，然后单击即可，如图10-33所示。

图 10-33　添加自定义操作

❏ 右击"主输出来自ClassInstallDB(活动)"，进入属性界面，在CustomActionData属性里输入：/dbname=[DBNAME] /server=[SERVER] /user=[USER] /pwd=[PWD] /targetdir="[TARGETDIR]\"。

> **提示**
>
> targetdir 的值是安装后文件的目录路径。

（7）添加数据库文件，在新建立的安装项目上右击，在弹出的快捷菜单中执行"添加"→"文件"命令，选择 MDF 和 LDF 文件，即安装时需要附加的数据库文件。右击解决方案，在弹出快捷菜单中选择"生成解决方案"命令，完成数据库应用程序的打包，如图 10-34 所示。

图 10-34 生成打包程序

项目小结

打包部署一个 Windows 应用程序的步骤：
（1）创建 Windows 安装项目。
（2）制作 Windows 安装程序，在这个过程中注意设置安装属性、文件系统、注册表、用户界面和启动条件。
（3）安装和部署 Windows 安装程序。

习题

1. 作为承接随手记项目的软件公司的程序员，负责随笔记应用程序的打包，请完成：随笔记的打包与部署。

2. 在打包随笔记项目时，除完成数据库安装程序的制作外，在安装时还可以让用户测试数据库连接功能，并且通过 SQL 语句创建数据库。

参 考 文 献

[1] 刘志成，宁云智，林东升.Windows 程序设计（C#2.0）实例教程. 北京：电子工业出版社，2010

[2] 钱哨等.C# WinForm 实践开发教程. 北京：中国水利水电出版社，2010

[3] 霍夫曼.C#.NET 技术内幕. 北京：清华大学出版社，2006

[4] 崔建江.C#编程和.NET 框架. 北京：机械工业出版社，2012

[5] 龚根华，王炜立.ADO.NET 数据访问技术. 北京：清华大学出版社，2012

[6] 陈承欢.ADO.NET 数据库访问技术案例教程. 北京：人民邮电出版社，2008

[7] 金蝶国际软件集团. 金蝶随手记项目. 金蝶理财网，2012

[8] 微软公司.Visual C#.NET 语言参考手册. 北京：清华大学出版社，2002

[9] 李锡辉.SQL Server 2008 数据库案例教程. 北京：清华大学出版社，2011

[10] 何鹏飞.C#实用编程百例. 北京：清华大学出版社，2004